Wolf Richard Günzel

Construire un hôtel à insectes

Aider la nature

- Construire des abris
- Connaître les insectes
- Jardiner intelligemment

éditions
la plage

Dans la collection « Un jardin sur la terre » :
- La spirale aromatique
- Jardins surélevés

Pour être tenu au courant de nos publications,
envoyez vos coordonnées à :
Éditions La Plage – 60, rue Monsieur-le-Prince – 75006 Paris
edition@laplage.fr
www.laplage.fr

© Éditions La Plage, Paris, 2013
© pala-verlag, Rheinstr. 35, 64283 Darmstadt,
sous le titre original « Das Insektenhotel »

ISBN : 978-2-84221-332-9
Traduction : Émilie Fline et Valentine Morizot
Correction : Clémentine Bougrat
Mise en pages : Valérie Ferrer

Imprimé sur du papier offset recyclé, à Barcelone, sur les presses
de Beta (ES), imprimeur labellisé pour ses pratiques respectueuses
de l'environnement.

Sommaire

Des insectes et des hommes : une relation complexe

Il y a quelques années encore, personne n'aurait eu l'idée de construire un abri pour les insectes ni de favoriser leur présence. On faisait au contraire tout pour les tenir à distance, voire les éliminer.

Notre vision des insectes est malheureusement déformée par de nombreux préjugés. Un jour, une guêpe ou une abeille nous pique, nous en gardons un souvenir douloureux et, dès lors, nous nous méfions comme de la peste de tout ce qui possède un dard et des ailes. Si par malheur, alors que nous sommes confortablement installés sur notre chaise longue, nous voyons un frelon s'aventurer dans notre direction, nous courons nous réfugier à l'autre bout du jardin, pris de panique. Rien que le bourdonnement des ailes d'un insecte nous donne la chair de poule, et nous soupirons de soulagement lorsque ce bruit inquiétant cesse enfin. Cette peur paralyse nos capacités de réflexion et nous empêche de réagir rationnellement. Or, tant que nous ne sommes pas prêts à nous ouvrir un tant soit peu au petit monde des insectes, celui-ci nous restera complètement incompréhensible. Lors d'une vie généralement très courte, ils accomplissent des choses qui dépassent souvent notre entendement. Rappelons-nous que le frelon qui vient vers nous n'est pas en quête de chair humaine – il ne reconnaît d'ailleurs pas les humains. Il est en train de chasser une guêpe, une mouche ou un taon, autrement dit des animaux que nous n'aimons pas. Les femelles des abeilles sauvages qui tournent autour de notre tête ne sont pas là non plus pour nous piquer. Elles transportent de la nourriture jusqu'à leur nid, où, à l'abri de nos regards, un petit miracle est en train de se produire : la métamorphose d'œufs microscopiques en petites créatures ailées.

Ou alors, lorsque nous ne paniquons pas, nous ne remarquons même pas leur présence. Les insectes peuplent un monde qui nous paraît complètement dénué d'intérêt. Et en toute logique, nous ne savons pas grand-chose sur eux. La science nous apporte des connaissances sur leurs modes de vie, certes, mais il ne suffit pas d'ouvrir un livre d'entomologie pour comprendre l'importance du rôle que jouent les insectes dans la nature. C'est avant tout en les observant que nous parviendrons à nous défaire de nos croyances

erronées et à saisir que, loin d'être nuisibles, les frelons, les abeilles sauvages et les perce-oreilles, comme bien d'autres insectes, sont des animaux infiniment utiles et passionnants. Fabriquer un hôtel à insectes est une activité créative enrichissante pour les enfants et les adolescents, qui peut se pratiquer à l'école, mais aussi en centre aéré ou au sein d'une association. Les jeunes se lancent généralement dans ce type de projets avec un réel enthousiasme. Ils s'appliquent à découper les tiges de végétaux, conçoivent minutieusement les plans de construction, manient la perceuse et scient les planches comme des pros. De nombreux hôtels à insectes ont ainsi déjà vu le jour. Ils témoignent d'un souci du travail bien fait et d'un grand sens du détail. Et ils nous offrent des exemples dont nous pouvons nous inspirer. Pourquoi les enfants et les adolescents se montrent-ils si enthousiastes à l'idée de construire des abris pour les abeilles, les bourdons, les guêpes solitaires et bien d'autres insectes, et de les inviter ainsi à vivre dans leur jardin ou leur cour d'école ? Parce qu'ils sont beaucoup plus sensibles à la nature et aux problèmes environnementaux que les adultes. Nous déplorons la dégradation constante de notre environnement et notre impuissance face à ce qui nous semble être une fatalité. Mais c'est oublier que chacun d'entre nous peut donner un petit coup de pouce à la nature.

Lorsque des enfants construisent un hôtel à insectes, ils en apprécient la phase de conception autant que les heures de bricolage, ils goûtent au plaisir de fabriquer quelque chose eux-mêmes. Et grâce aux petits locataires de leurs hôtels, ils découvrent un monde riche en surprises.

Des hôtels à insectes construits par des enfants et des groupes scolaires trônent aujourd'hui dans les jardins et les espaces verts de nos villes. Ils permettent aux citadins qui n'ont jamais vu d'abeilles sauvages et ne les connaissent que par le biais des médias d'observer de vraies abeilles dans leurs activités quotidiennes.

Ce livre est une invitation à construire des abris à insectes, pour le plus grand bonheur des abeilles sauvages et d'autres créatures mystérieuses, mais aussi le vôtre. Si ces animaux ne sont pas dangereux, beaucoup sont hélas en danger.

Pourquoi les insectes ont-ils besoin d'abris ?

Les populations d'insectes pollinisateurs et d'abeilles sauvages déclinent à l'échelle mondiale, notamment en Europe, en Amérique du Nord et en Amérique centrale. En Allemagne par exemple, on estime que plus de 7 % des espèces d'abeilles sauvages indigènes avaient déjà disparu il y a plus de vingt-cinq ans. En outre, environ 40 % des espèces d'abeilles et de guêpes sauvages étaient alors considérées comme menacées, voire très menacées.

Les abeilles sauvages, des espèces menacées d'extinction

Depuis, la liste rouge des abeilles et des guêpes solitaires menacées s'est allongée. Elle comprend aujourd'hui beaucoup d'espèces encore courantes il y a un quart de siècle. Or, cette liste ne recense évidemment que les espèces que l'on connaît et dont on sait qu'elles sont en danger. Les spécialistes eux-mêmes admettent que nos connaissances dans ce domaine sont très lacunaires. Cela tient notamment au fait que l'on n'a que depuis peu pris conscience de l'extrême importance des abeilles sauvages et des guêpes solitaires dans l'équilibre de la nature. Bien qu'elles existent depuis des millions d'années, leur rôle de pollinisatrices et d'auxiliaires a en effet longtemps été sous-estimé.

Les insectes jouent un rôle important dans la nature

Comme pour beaucoup d'espèces menacées, leur déclin tient à la raréfaction des abris et de la nourriture dont elles dépendent. Presque toutes les espèces d'abeilles sauvages ont besoin de cavités en forme de tube, dans lesquelles elles construisent une enfilade de cellules pour y installer leur progéniture. Elles utilisent des cavités qu'elles trouvent dans leur environnement ou creusent elles-mêmes leurs galeries. Aménageant des nids de petite taille, les abeilles solitaires pondent leurs œufs dans des galeries creusées par des coléoptères, des fissures de murs, des tiges creuses de végétaux, les interstices d'un mur de pierres sèches, ou bien de minuscules trous qu'elles creusent dans des chemins, sous des haies, sur les rives sablonneuses et inclinées d'un cours d'eau, le sol d'une prairie sèche ou les murs à base argile d'une vieille grange.

Les abeilles sauvages ont besoin de vieux arbres et de prairies sèches

Les espèces d'abeilles qui nichent dans le bois mort ne trouvent plus le vieux bois autrefois disponible dans les vergers, les prairies ou les parcs. Du reste, la sylviculture moderne, avec ses méthodes d'exploitation intensive des forêts et notamment l'élimination des grands arbres morts, des tas de bois et des vieilles souches, détruit les habitats spécifiques des différentes espèces d'abeilles sauvages.

Les prairies sèches, un type d'habitat particulièrement intéressant pour les abeilles solitaires et les bourdons qui nichent dans le sol, ont aujourd'hui presque disparu. De même, les buissons de ronces ainsi que les bosquets d'arbrisseaux sauvages, indispensables aux abeilles qui nichent dans les tiges, sont devenus rares.

Elles vivent dans les sablières, les zones rocheuses, les jardins ou encore les constructions à base d'argile

Les façades lisses de nos maisons modernes n'offrent plus de fentes ni de niches aux abeilles maçonnes, qui y aménageaient autrefois leur nid. Certains endroits où elles aimaient nicher, comme les murs de soutènement des vignes, sont devenus inhabitables à cause de la présence d'insecticides. Constructions en argile, habitations coiffées d'un toit en roseaux ou en chaume, abris en bois, zones couvertes de sable ou de cailloux, bords abrupts des

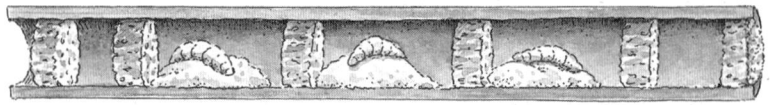

L'osmie rousse construit souvent son nid dans des tiges creuses de végétaux.

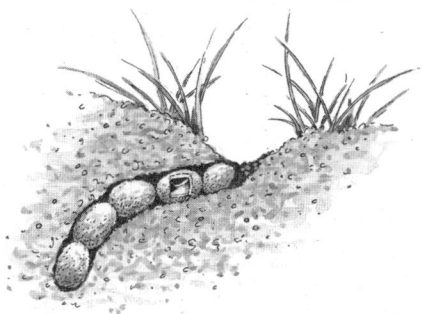

L'abeille cotonnière récupère des fibres végétales comme celles de la sauge, de la molène ou du cognassier pour façonner les cellules de son nid, qu'elle aménage dans des trous du sol ou de constructions.

chemins creux, murs de pierres sèches, gravières, glaisières, zones rocheuses : tous ces habitats traditionnels des abeilles sont devenus aussi rares que les jardins plantés d'herbes et de fleurs, de légumes et d'arbres fruitiers, où les insectes trouvaient de la nourriture à foison.

Enfin, notre agriculture moderne est une catastrophe pour les abeilles. Les petites surfaces de cultures extensives ont presque totalement disparu. De nos jours, on ne voit presque plus que des champs immenses qui, grâce à l'utilisation de machines modernes, d'herbicides, de pesticides et d'engrais chimiques, offrent des rendements maximaux. Les arbres fruitiers et les haies qui poussaient au bord des champs ont été éliminés. Les fleurs sauvages colorées – marguerites, bleuets, coquelicots, œillets des champs ou encore mélampyres des champs – se sont volatilisées.

L'agriculture moderne est une catastrophe pour les abeilles sauvages

Il faut déplorer cette réalité. Mais il ne faut pas l'accepter. Car même avec de petits gestes, on peut faire beaucoup pour améliorer les conditions de vie des abeilles sauvages. Il est par exemple très facile de les accueillir dans son jardin. Il est même possible de les installer sur son balcon.

Le monde des insectes

La pollinisation

Les abeilles à miel récoltent le pollen et le nectar des fleurs

Beaucoup de personnes pensent que seuls les abeilles à miel (ou « abeilles mellifères », ou encore « abeilles domestiques ») et les bourdons pollinisent nos cultures. Nous avons l'habitude de voir ces insectes butiner nos fleurs, aspirer du nectar avec leur langue et récolter du pollen avec les minuscules poils qui couvrent leur corps. Ensuite, méthodiquement, ils rassemblent les grains de pollen dans les corbeilles situées sur leurs pattes postérieures, puis ils le transportent jusqu'au nid. Les abeilles à miel et les bourdons sont généralement appréciés des hommes, qui y voient des insectes zélés et inoffensifs.

Nous considérons avec bien plus de méfiance les autres insectes butineurs que nous voyons se balancer périlleusement sur les pétales de nos fleurs et plonger dans leur calice pour en aspirer le précieux nectar. Comme nous avons du mal à dire s'ils ressemblent davantage à des abeilles à miel ou à des guêpes, nous ne savons pas vraiment à quoi nous en tenir. Ce qui est sûr, c'est que nous nous souvenons tous d'expériences douloureuses avec des guêpes, dont nous nous méfions comme de la peste.

La France compte plus de 800 espèces d'abeilles sauvages

Sachez donc que la plupart des insectes butineurs non identifiés qui visitent vos fleurs sont des abeilles sauvages, qui, avec leurs cousines les abeilles à miel, assurent l'indispensable pollinisation. Il existe en France continentale et en Corse plus de huit cent cinquante espèces d'abeilles sauvages. Or, malgré leur utilité, leur diversité et le degré d'élaboration de leurs modes de vie, ces animaux restent mal connus du public. On ne sait par exemple pas que les bourdons, que nous connaissons bien et que nous

apprécions, font aussi partie de la catégorie des abeilles sauvages. De nombreuses abeilles sauvages ont développé des liens particuliers avec les plantes ; sans elles, certaines fleurs n'existeraient plus et certains arbres fruitiers ne donneraient plus de fruits.

Parmi les insectes butineurs et pollinisateurs, signalons également les syrphes. Ces mouches dont l'abdomen porte des rayures jaunes et noires font partie de l'ordre des diptères (insectes à deux ailes), tandis que les abeilles et les guêpes appartiennent à l'ordre des hyménoptères (qui compte majoritairement des insectes à quatre ailes). Les syrphes agitent leurs ailes avec une telle rapidité qu'on ne les voit plus. On dirait qu'ils se tiennent immobiles au-dessus des fleurs. Lorsqu'ils se déplacent très rapidement vers le haut ou le bas, ou même vers l'arrière, on a l'impression qu'ils ne bougent pas leurs ailes. S'ils peuvent nous paraître dangereux, les syrphes ne possèdent pas de dard et sont par conséquent absolument inoffensifs.

Les guêpes fouisseuses *(Sphecidae)*, les ichneumons *(Ichneumonidae)* et les vespidés *(Vespidae)* pollinisent eux aussi nos fleurs. Ces insectes sont partiellement carnivores. Arrivés à complet développement *(imago)*, ils se nourrissent principalement de sève d'arbres, de fruits, de miellat et de nectar de fleurs. Les larves, en revanche, ont besoin de viande, laquelle leur est servie sous de multiples formes. Les mères transportent souvent jusqu'au nid des proies aussi grosses et lourdes qu'elles. Elles les piquent parfois pour les paralyser avant de les apporter vivantes à leurs larves. Il leur arrive aussi de leur ôter la tête et les ailes sur place, puis de réduire leur chair en menus morceaux et de la livrer à leur progéniture

Les syrphes, les guêpes fouisseuses, les ichneumons et les vespidés sont aussi des insectes pollinisateurs

Les guêpes se nourrissent de nectar, de sève d'arbres, de fruits et de miellat sous forme de bouillie prémâchée. Généralement, ces insectes sont des mouches domestiques et des mouches sarcophages.

Tout comme le frelon, qui ressemble à nos yeux à une grosse guêpe, nous regardons avec une certaine suspicion bon nombre d'espèces de guêpes dont nous croisons le chemin. Or le frelon, loin d'être dangereux, est un insecte en danger d'extinction. Quant aux guêpes, elles se comportent avec le plus grand pacifisme tant que nous les laissons en paix.

Les guêpes chassent des insectes comme les mouches domestiques

La plupart des guêpes sont solitaires. Elles ne vivent pas en colonies et doivent s'occuper seules de leur progéniture. Elles jouent un rôle de régulateur de l'équilibre naturel. Sans elles, les nuisibles auraient sans doute depuis longtemps eu raison de nos plantes. Aussi ferions-nous bien de nous accommoder de leur existence plutôt que de les chasser.

Des abeilles et des fleurs

Sans pollinisation, 80 % de nos plantes à fleurs disparaîtraient de la surface de la Terre. Elles ne produiraient ni fruits ni graines et ne pourraient donc plus se multiplier. Nous oublions souvent que s'ils ne sont pas pollinisés, la plupart des végétaux que nous cultivons ne nous donneront aucune récolte.

Les abeilles sont les principaux insectes pollinisateurs

Les abeilles sont les principaux insectes pollinisateurs ; ce sont aussi les plus connus. Elles travaillent avec une persévérance et une efficacité étonnantes, qui leur permettent de collecter les grandes quantités de nectar et de pollen dont elles ont besoin pour nourrir leurs larves.

Les fleurs déploient de jolies couleurs et un parfum envoûtant pour attirer l'attention des abeilles et d'autres insectes, et les inciter à venir les butiner. Les principaux organes reproducteurs des plantes qui

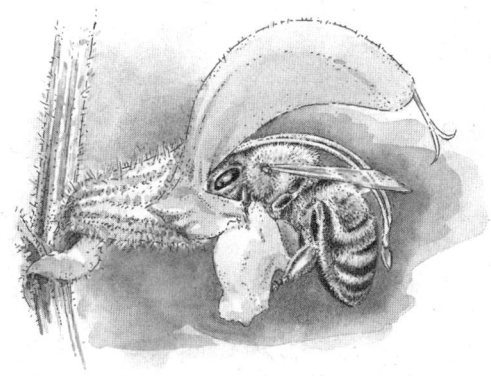

Sans pollinisation, une grande partie des plantes à fleurs
seraient vouées à disparaître.

jouent un rôle dans la pollinisation se trouvent au
centre des fleurs : les étamines, organes masculins,
produisent le pollen ; l'ovaire et le stigmate sont les
organes féminins.

Lors de la pollinisation, les grains de pollen
entrent en contact avec le stigmate et se diffusent
dans l'ovaire jusqu'à atteindre les ovules. Une fois
fécondé, chaque ovule donne une graine. C'est ainsi
que naît une nouvelle génération de plantes. Tout au
fond de la fleur se trouve le nectar, un liquide sucré
et parfumé prisé des papillons, des abeilles et d'autres
insectes. Pendant que les insectes butineurs boivent
le nectar, ils sont en contact avec les étamines et du
pollen se colle alors à leurs poils. Ils transportent
ensuite les grains de pollen jusqu'au stigmate de la
prochaine fleur. Dans de nombreux cas, le pacte qui
lie l'insecte et la plante est si fort que l'un ne pourrait
exister sans l'autre.

Pour offrir une
bonne récolte,
quantité de
végétaux doivent
être pollinisés

L'abeille à miel
Apis mellifera

L'abeille à miel, que l'on appelle également « abeille mellifère » ou « abeille domestique », produit du miel et de la cire, mais elle possède aussi un langage propre. Avec de tels talents, il n'est pas étonnant qu'elle ait su s'attirer la sympathie de l'homme, qui en a fait l'unique insecte domestiqué.

Les abeilles à miel vivent en colonies parfaitement organisées, au sein desquelles des milliers d'individus travaillent pour le bien de la communauté. Chaque abeille a un rôle bien défini. La reine de la colonie n'est pas une souveraine au sens où l'entend l'homme : son rôle est de pondre des œufs. Ces derniers donnent naissance à des larves, lesquelles sont nourries par les abeilles ouvrières. À terme, les larves se transforment en nymphes, qui donneront forme à de jeunes abeilles.

Au début de sa vie, l'abeille ouvrière est affectée à des tâches ménagères, à l'intérieur de la colonie. Elle nettoie les cellules et assure l'ordre des lieux – elle débarrasse la ruche des abeilles mortes, mais aussi de celles qui n'ont plus de fonction ou dont le comportement n'est plus adéquat. Ensuite, lorsque ses glandes mammaires, situées au niveau de la tête, se sont développées, elle devient nourrice et s'occupe des larves. Plus tard, lorsque ses glandes cirières commencent à fonctionner, l'abeille est dite « cirière » ou « bâtisseuse ». Elle sécrète de la cire qui lui permet de réparer les alvéoles abîmées et de construire de nouveaux rayons. Lorsque les glandes cirières cessent leur activité, l'abeille devient sentinelle : postée à l'entrée de la colonie, elle contrôle l'odeur des abeilles qui y entrent. Elle chasse, voire pique celles qui n'appartiennent pas à la colonie. Ce n'est qu'à la fin de sa vie que l'abeille ouvrière se fait butineuse : elle consacre son temps à la collecte de pollen, de nectar, de miellat et d'eau pour nourrir la colonie.

L'abeille produit le miel à partir du nectar qu'elle a collecté. Elle doit butiner environ mille cinq cents fleurs de trèfle pour remplir son minuscule jabot, un organe qui lui sert de réservoir et qui s'est développé au fil de l'évolution.

Le jabot est séparé de l'intestin moyen par un muscle circulaire qui empêche la réserve de nectar d'être digérée. Ce muscle ne laisse passer que la quantité nécessaire pour nourrir l'abeille. La majeure partie du nectar sera stockée dans le nid pour nourrir la colonie pendant l'hiver.

La récolte du nectar et du pollen

Les diverses espèces d'abeilles butinent différentes fleurs, notamment en fonction de la longueur de leur langue.

Les espèces avec une langue courte, comprise entre un et trois millimètres, par exemple les collètes et les *Hylaeus*, préfèrent les fleurs dont le nectar est facilement accessible, comme celles des apiacées (carotte, coriandre, etc.), des brassicacées (chou, raifort, radis, etc.) ou des renonculacées (renoncule, anémone, dauphinelle, etc.).

Les andrènes, ou abeilles des sables, et les abeilles du genre *Melitta* possèdent une langue un peu plus longue ; elles butinent également des plantes dont le nectar est plus difficile à récolter, comme les rosacées (rose, aubépine, églantine, etc.) et certaines espèces de la famille des scrophulariacées.

Les abeilles maçonnes et les abeilles tapissières, dont la langue mesure entre quatre et sept millimètres, apprécient aussi les plantes de la famille des lamiacées (lavande, menthe, thym, etc.), de la sous-famille des *Faboideae* (haricot, pois, trèfle, etc.) et certaines espèces de la famille des scrophulariacées.

Enfin, les eucères et les anthophores se caractérisent par une langue qui mesure de sept à neuf millimètres. Ils butinent même les plantes dont le nectar se cache tout au fond de fleurs allongées, en forme de tube.

Le corps des abeilles est parfaitement adapté aux fleurs qu'elles butinent

La sauge, un exemple parfait de l'entente entre les abeilles et les fleurs

Les fleurs ont développé d'ingénieux mécanismes pour être pollinisées spécifiquement par certains insectes, qui se sont adaptés et en tirent profit. Prenons l'exemple de la sauge. Ses fleurs sont pourvues d'un astucieux mécanisme de bascule. D'une part, pour accéder au nectar, il faut d'abord pousser les étamines mobiles, fixées au fond de la fleur. Les papillons, par exemple, possèdent une langue filiforme très longue, mais trop faible pour dégager les étamines de cette fleur. Ils ne peuvent donc pas récolter son nectar. Soulignons que, sans ce mécanisme de bascule, comme leur langue est longue, ils risqueraient d'aspirer le nectar sans polliniser la fleur. Les abeilles et les bourdons, en revanche, possèdent une langue beaucoup plus puissante, avec laquelle ils écartent facilement les étamines. D'autre part, la fleur de sauge est conçue pour que les insectes qui la butinent repartent en emportant une grande quantité de pollen : lorsqu'ils entrent dans la fleur pour aspirer le nectar, deux longues étamines s'abaissent jusqu'à toucher leur corps couvert de poils, sur lequel elles déposent du pollen. Ensuite, lorsque l'abeille va butiner une autre fleur de sauge, elle y dépose un peu de pollen : la fleur est fécondée. Ainsi, la plante a atteint son objectif. L'abeille profite elle aussi de l'opération : elle récupère le pollen qui couvre son corps, ses pattes et ses antennes en se peignant, puis elle le transporte jusqu'au nid pour constituer des stocks de nourriture.

Les poils des abeilles leur servent à retenir le pollen

Si les abeilles butinent certaines fleurs plutôt que d'autres, cela tient notamment à la longueur de leur langue, comme nous venons de le voir, mais aussi aux spécificités des poils qui couvrent leur corps.

Les abeilles du genre *Hylaeus*, très anciennes, ne possèdent pas d'accessoires spécifiques pour transporter le pollen. Elles ingurgitent le nectar et le pollen, puis elles transportent cette bouillie dans leur jabot et la régurgitent une fois arrivées au nid.

Les abeilles plus « modernes », elles, sont spécialement équipées pour le transport du pollen : différentes parties de leur corps sont pourvues de poils, dont elles se servent comme peigne, brosse ou corbeille. On distingue les espèces qui utilisent les poils de leurs pattes de celles qui utilisent ceux de leur abdomen.

La plupart des abeilles pollinisatrices récupèrent le pollen dispersé sur leur corps en se brossant avec les poils de leurs pattes, puis le mettent dans les petites corbeilles situées sur leurs pattes arrière. Certaines d'entre elles, comme les halictes et les collètes, rapportent le pollen tel quel. D'autres en revanche, comme les bourdons, les abeilles à miel et les abeilles du genre *Melitta*, humidifient le pollen avec du nectar pour pouvoir le transporter plus facilement.

Certaines abeilles transportent le pollen dans les corbeilles situées sur leurs pattes arrière

Une petite centaine d'espèces d'abeilles collectent le pollen sur leur abdomen, qui est équipé d'une brosse spécifique. Cette brosse est constituée de poils rigides, légèrement inclinés vers l'arrière, qui amassent de grandes quantités de pollen pendant que l'abeille butine des fleurs. Lorsqu'elle rentre au nid, elle récupère le pollen en se nettoyant avec ses pattes postérieures.

D'autres abeilles collectent le pollen avec la brosse située en bas de leur abdomen

Comportement social, cycle de vie et rôles sexuels

Les abeilles à miel *(Apis mellifera)*

Une colonie d'abeilles mellifères comprend une reine, chargée d'assurer la reproduction, des abeilles ouvrières, qui sont stériles, et, au printemps et en été, des abeilles mâles, les faux bourdons.

Une larve donne naissance à une reine ou à une ouvrière, en fonction de son alimentation

La reine est l'unique abeille de la colonie capable de pondre. Au cours d'une année, elle dépose cent à cent cinquante mille œufs dans des petites cellules de cire hexagonales, les alvéoles. Les œufs non fécondés donnent naissance à des faux bourdons, les œufs fécondés à des ouvrières ou bien à des reines, en fonction de l'alimentation de la larve. En effet, pendant les premiers jours de leur vie, toutes les larves sont nourries avec de la gelée royale. Mais au bout de trois jours, les futures ouvrières, dont les ovaires s'atrophieront, ne reçoivent plus de gelée royale, laquelle est réservée aux futures reines. Entre le moment où l'œuf éclot (larve) et le stade final de développement *(imago)*, il s'écoule environ seize jours pour une reine, trois semaines pour une ouvrière et vingt-quatre jours pour un faux bourdon.

Une ouvrière assume plusieurs fonctions successives au cours de son existence (voir page 14) et ne devient butineuse qu'au dernier stade de sa vie. Si elle n'est pas victime d'un prédateur, l'abeille née au printemps ou au début de l'été meurt quatre à six semaines après être sortie de son œuf.

Les abeilles ouvrières qui hivernent vivent six à huit mois

Les abeilles qui hivernent, elles, peuvent vivre de six à huit mois. Au début de la saison froide, elles se retirent au centre de la ruche, où elles se regroupent en grappes. Les abeilles ne dorment pas : elles se réchauffent en contractant leurs muscles et changent constamment de place, allant et venant du centre au pourtour du groupe. Elles s'alimentent de temps en temps en puisant dans les réserves de la colonie.

Une reine peut déménager cinq fois dans sa vie

Une semaine environ avant que les reines sortent de leur alvéole, au début de l'été, la vieille reine quitte la ruche avec à peu près la moitié de la colonie pour en fonder une nouvelle. Peu après son départ, l'essaim s'installe sur un arbre en attendant le retour d'éclaireuses parties à la recherche d'un nouvel emplacement. Dès qu'elles ont trouvé un endroit adapté, l'ensemble de l'essaim emménage. Les reines pouvant vivre quatre à cinq ans, certaines changent plusieurs fois de colonie au cours de leur vie.

Dans l'ancienne colonie, lorsque la première des jeunes reines sort de son alvéole, elle élimine, le plus souvent en les piquant, ses rivales, les reines qui sont encore à l'état de nymphes dans leurs alvéoles. Parfois aussi, une des jeunes reines quitte la colonie avec une partie des abeilles et part à la recherche de nouveaux quartiers.

L'accouplement se déroule en vol

Lorsque la reine s'est débarrassée de ses rivales, les ouvrières s'occupent d'elle et la nourrissent jusqu'à ce qu'elle parte pour son vol nuptial, qui se déroule à distance de la ruche, à un endroit déterminé où se sont rassemblés des faux bourdons venus de différentes ruches. L'accouplement a lieu en vol.

Le faux bourdon paie de sa vie les faveurs de la reine

Le faux bourdon qui s'accouple avec la reine meurt : après la fécondation, son appareil génital se déchire. Les autres mâles n'ont plus d'utilité pour la

Après le vol nuptial, la reine retourne dans la ruche, où elle reste jusqu'au printemps suivant

colonie. Incapables de s'alimenter seuls, ils doivent être nourris par les ouvrières, qui ne le font qu'un temps. À terme, ils sont tués ou bien expulsés de la ruche et donc condamnés à mourir de faim au bout de quelques jours. Le vol nuptial terminé, la reine regagne la colonie pour pondre. Elle ne la quittera qu'au printemps suivant, avant l'arrivée des nouvelles reines.

Les bourdons (*Bombus*)

Les colonies de bourdons, de guêpes et de frelons ne durent qu'un été

Tandis que les colonies d'abeilles mellifères peuvent subsister de nombreuses années, celles de bourdons et de vespidés, comme le frelon ou la guêpe germanique *(Vespula germanica)*, ne durent qu'un été.

Une colonie de bourdons comprend une reine, des ouvrières et des faux bourdons, qui ont tous les mêmes fonctions que dans une colonie d'abeilles mellifères.

Chaque colonie est fondée au printemps par un bourdon qui a passé l'hiver à l'abri

Au début, la colonie de bourdons n'est constituée que d'une reine, une femelle fécondée qui a passé l'hiver dans un abri dans le sol. En produisant du glycérol, qui la protège du froid, elle supporte les températures inférieures à zéro. Avant l'hiver, elle aménage un nid à la surface du sol ou dans la terre, avec des matériaux trouvés sur place ou collectés çà et là : fibres végétales, vieilles feuilles, mousse, etc. Contrairement aux reines des colonies d'abeilles, la reine d'une colonie de bourdons produit de la cire. Elle s'en sert pour construire un « pot de miel », qu'elle emplit de nectar. Ces réserves de nourriture sont destinées aux périodes froides ou pluvieuses. Elle utilise également cette cire pour façonner une seconde cellule qui, elle, accueillera un mélange de pollen et de nectar, ainsi qu'une dizaine d'œufs. Cette cellule est ensuite fermée avec un opercule de cire qui laisse circuler l'air.

Au bout de trois à cinq jours, les œufs éclosent et donnent naissance à des larves. Celles-ci grandissent et se nourrissent du mélange de pollen et de nectar. Peu à peu, la reine agrandit la colonie en ajoutant sur les côtés de la première cellule de nouveaux compartiments, qu'elle remplit également de pollen et de nectar. Arrivés à la fin du stade larvaire, les bourdons tissent un cocon de soie dans lequel ils se métamorphoseront en nymphes.

Les bourdons achèvent leur développement dans un cocon de soie

Environ trois semaines après la construction du nid, les premiers bourdons arrivent au stade final de leur développement. Il s'agit d'ouvrières, des femelles stériles nettement plus petites que la reine. Ce sont elles qui s'occupent désormais de toutes les tâches au sein de la colonie : elles agrandissent le nid, s'occupent des œufs et des larves, récoltent du nectar et du pollen. La reine, elle, peut se consacrer entièrement à la ponte.

Une colonie de bourdons comprend entre cinquante et six cents individus, en fonction des espèces. Elle donne également naissance à des femelles fertiles et à des mâles (qui naissent d'œufs non fécondés). Ces femelles, de futures reines, s'accouplent avec les mâles, puis passent l'hiver dans un abri dans le sol et fondent une nouvelle colonie au printemps suivant. La reine, les ouvrières et les mâles de l'ancienne colonie meurent à l'automne.

En fonction de l'espèce, une colonie de bourdons comprend entre 50 et 600 individus

Tandis que les abeilles à miel s'informent mutuellement des endroits riches en pollen en effectuant une danse, puis s'y rendent en groupe, les bourdons ne sont pas capables de communiquer ce type d'informations. Chaque butineuse d'une colonie de bourdons recherche elle-même ses fleurs ; en revanche, elle rapporte après chaque vol bien plus de pollen qu'une abeille.

Les bourdons dont la langue est longue sont généralement chargés de mettre le pollen dans des sacs spéciaux situés autour des alvéoles du nid et de les refermer avec un opercule de cire. Les bourdons « nourrices » alimentent les larves avec ces réserves de pollen et referment les sacs après chaque repas.

Les bourdons à langue courte stockent le pollen et le nectar dans d'anciens cocons ouverts sur le haut et situés à proximité des cellules à couvain. Ces réserves permettent aux larves de s'alimenter seules lorsqu'elles le souhaitent, sans dépendre des nourrices.

Les abeilles solitaires

Chez l'osmie rousse, les mâles attendent deux semaines l'arrivée de leur partenaire

Nous allons prendre l'exemple de l'osmie rousse *(Osmia bicornis)* pour présenter le cycle de vie d'une abeille sauvage solitaire.

Les mâles et les femelles hivernent dans les cocons à l'intérieur desquels ils étaient passés de l'état de nymphe à celui d'abeille. L'année suivante, pendant la période nuptiale (qui s'étend de la fin du mois de mars jusqu'au mois de juin), les mâles quittent ces cocons et attendent les femelles, qui, elles, sortiront une quinzaine de jours plus tard.

Après l'accouplement, les mâles, légèrement plus petits que les femelles, ont accompli leur rôle biologique. Mais contrairement aux mâles des abeilles à miel, les faux bourdons, ils sont capables de se nourrir seuls et de butiner des fleurs pour récolter du nectar. Ils vivent ainsi encore quelque temps, puis meurent au cours de l'été.

L'accouplement achevé, les femelles cherchent une cavité adaptée où aménager leur nid de forme allongée (voir page 35). Il n'est pas rare qu'elles réutilisent une galerie occupée par la génération précédente, après l'avoir nettoyée des restes des anciennes cellules. Elles y construisent plusieurs cellules, en utilisant un mélange d'argile et de salive. À l'intérieur du nid, elles commencent au besoin par installer une paroi dans le fond, puis elles aménagent une première cellule, qui s'achèvera par une cloison. Elles emplissent environ la moitié de cette cellule de nectar et de pollen, qui serviront de nourriture à la future larve, puis pondent un œuf sur ce mélange et ferment la cellule avec un peu d'argile. Et ainsi de suite. Au bout de quelques jours, le nid se compose d'une dizaine de cellules en enfilade.

L'osmie rousse construit son nid dans une cavité, à l'aide d'un mélange d'argile et de salive

Lors de l'accouplement, le mâle emplit la spermathèque de la femelle. Au moment de la ponte, certains œufs sont fécondés avec ce stock de spermatozoïdes, d'autres ne le sont pas. Un œuf fécondé donnera une femelle, un œuf non fécondé un mâle. L'abeille pond d'abord des œufs fécondés, dans le fond du nid, puis des œufs non fécondés, à l'avant. Ainsi, les cellules du fond du nid contiendront des femelles et celles de l'avant des mâles, qui quitteront leur cocon au printemps suivant, avant les femelles.

Les œufs non fécondés donnent des mâles, les œufs fécondés des femelles

Une dizaine de jours après la ponte, les larves éclosent puis restent deux à trois semaines dans leur cellule, où elles se nourrissent du mélange de nectar et de pollen. Pendant cette période, elles muent plusieurs fois et tissent un cocon dans lequel elles se métamorphosent en nymphes. À la fin de l'été, l'osmie rousse arrive au terme de son cycle de développement. Les mâles et les femelles de la nouvelle génération passent l'hiver à l'abri dans leur cocon, qui les protège du froid (voir page 35).

Une dizaine de jours après la ponte, les larves de l'osmie rousse sortent des œufs

Les insectes pollinisateurs piquent-ils ?

Le groupe des aculéates rassemble la plupart des guêpes et des abeilles sociales et solitaires. Les femelles de ce groupe possèdent généralement un dard situé à l'extrémité inférieure de l'abdomen et relié à une glande venimeuse.

Les abeilles et les guêpes sociales sont plus agressives que les espèces solitaires

Les aculéates ne sont pas des insectes agressifs. Ils ne le deviennent que s'ils pensent que leur vie ou celle de leur progéniture est menacée. Fondamentalement, les abeilles et les guêpes solitaires sont moins agressives que les espèces sociales comme les abeilles à miel, les guêpes communes, les bourdons et les frelons. On peut donc s'approcher des nids des insectes solitaires et les observer sans inquiétude : le risque de se faire piquer est minime. En outre, contrairement aux espèces sociales, elles n'ont pas de stratégie commune d'attaque. Même si elles sont nombreuses à partager un abri, elles ne se jetteront pas en masse sur un agresseur.

Les piqûres de frelons ne sont pas plus dangereuses que celles des abeilles à miel

Toutes les espèces d'aculéates possèdent un type de poison similaire, en quantité presque identique. Aussi, pour une personne en bonne santé, une piqûre de frelon n'est pas plus dangereuse qu'une piqûre d'abeille à miel – sachez même que le venin du frelon est moins toxique que celui de cette dernière. Signalons par ailleurs que lors d'expériences menées par des zoologues, des jeunes rats ont survécu sans dommages apparents à soixante piqûres de frelons. Si l'on rapporte ces quantités à l'être humain, il faudrait un millier de piqûres de frelons simultanées pour mettre en danger la vie d'une personne de soixante-dix kilos. Or, en cas d'agression massive, un quart au maximum des habitants d'un nid en sort, soit tout au plus deux cents individus pour une grande colonie de huit cents frelons, et seuls quelques-uns d'entre eux iront vraiment jusqu'à piquer l'adversaire.

En revanche, chez les personnes allergiques, une seule piqûre peut être dangereuse. De même qu'en cas de piqûre à la bouche ou à la gorge, il faut alors immédiatement consulter un médecin.

Les abeilles et les guêpes, des insectes armés, mais pacifiques

Beaucoup d'espèces de guêpes solitaires se servent de leur dard pour capturer leurs proies : elles piquent leur victime au niveau du système nerveux pour la paralyser et la rapporter plus facilement au nid. Cependant, le dard des guêpes solitaires, de même que celui de la plupart des abeilles solitaires, n'est pas suffisamment robuste pour transpercer la peau humaine.

> Le dard des abeilles et des guêpes solitaires est trop faible pour transpercer la peau humaine

Il en va autrement des abeilles et des guêpes sociales, dont beaucoup d'entre nous connaissent la douloureuse piqûre.

Soulignons que les espèces sociales sont loin d'être toutes aussi agressives les unes que les autres. Les bourdons, qui passent généralement pour des insectes inoffensifs, sont réellement pacifiques. Certaines personnes pensent que cela tient au fait qu'ils ne peuvent pas piquer, ce qui est faux : ils en sont tout à fait capables, mais ils ne passent que très rarement à l'action.

> Les bourdons aussi peuvent piquer

L'abeille à miel, elle, ne pique que si elle sent que sa vie ou celle de sa colonie est sérieusement menacée. Et sachez qu'ensuite, elle meurt. Son dard se termine en effet par un crochet qui reste coincé dans la peau de la victime. Aussi, lorsque l'abeille repart, le dard et la poche de venin en bas de l'abdomen se déchirent, et elle perd son sang.

> Les abeilles à miel ne piquent l'homme que si leur vie ou celle de leur colonie est menacée

Même les espèces de guêpes sociales comme la guêpe commune ne représentent pas un danger pour l'être humain. Pour observer leur nid, conservez une distance de trois à quatre mètres et laissez-les en paix, vous n'aurez alors rien à craindre.

Cela dit, par les chaudes journées d'été, il arrive que certaines abeilles à miel et guêpes sociales piquent sans raison apparente. Lorsqu'il fait lourd, mieux vaut donc tout simplement rester à distance de leurs nids.

Les piqûres de frelons, douloureuses mais sans danger

Les frelons, eux, ne s'intéressent pas aux êtres humains. Contrairement à leurs cousines les guêpes communes, ils n'ont que faire de nos tartines de confiture, et tout ce qu'ils souhaitent, c'est qu'on les laisse tranquilles.

Les frelons ne s'intéressent ni à l'homme ni à ses tartines de confiture

Selon une légende absurde transmise de génération en génération, il suffirait d'une dizaine de piqûres de frelons pour tuer un cheval, et de trois ou quatre pour venir à bout d'un homme. Résultat : personne ne veut d'une colonie de frelons à proximité de chez soi. Ils sont victimes d'une guerre sans merci et leur population ne fait que régresser. Partout en France, dans nos villes et nos villages, il arrive que l'on appelle les pompiers à la rescousse pour exterminer ces « dangereux » insectes qui ont fait leur nid dans la charpente. Sachez tout de même qu'en Allemagne et en Belgique, par exemple, il fait partie des espèces protégées.

Le frelon fait partie des espèces protégées en Belgique et en Allemagne

Construire des abris pour les insectes

Les hôtels à insectes

Loin d'être un paradis, l'hôtel est souvent le seul endroit à des lieues à la ronde où les insectes peuvent s'installer. Les abeilles sauvages y trouvent un abri et un endroit où nicher et, en été, elles profitent du nectar et du pollen qu'offrent en abondance les jardins environnants. Avec un peu d'imagination et d'adresse, tout le monde peut construire un tel hôtel.

Les abeilles sauvages apprécient les petits fagots de roseaux, les tiges à moelle, les morceaux de bois dur percés, le bambou, les briques creuses, les souches d'arbres creusées de galeries d'insectes, les bottes d'herbes entourées de grillage, et bien d'autres choses encore. Il suffit d'assembler ces différents types d'abris dans une caisse en bois pourvue d'un toit pour obtenir un hôtel tout confort à plusieurs étages.

Tiges de plantes, bambou, roseaux : faire des abris pour les abeilles sauvages est un jeu d'enfant

Quand un hôtel à insectes est achevé, ses premiers occupants ne tardent pas à s'y installer. On y observe des mères aménager avec empressement un nid pour leur progéniture ; malgré la multitude d'espaces offerts, elles retrouvent infailliblement le chemin du foyer. On voit aussi des opportunistes quelque peu paresseux s'introduire dans des appartements étrangers et, après avoir vérifié l'état d'avancement des travaux, y pondre en catimini leurs œufs dans les nids tout prêts. On est témoin de disputes à propos du droit d'occupation des pièces, de déménagements, de contrôles et d'expulsions de candidats qui, malheureusement pour eux, ne possèdent pas la bonne marque odorante.

L'hôtel à insectes nous ouvre les portes du monde fascinant des insectes

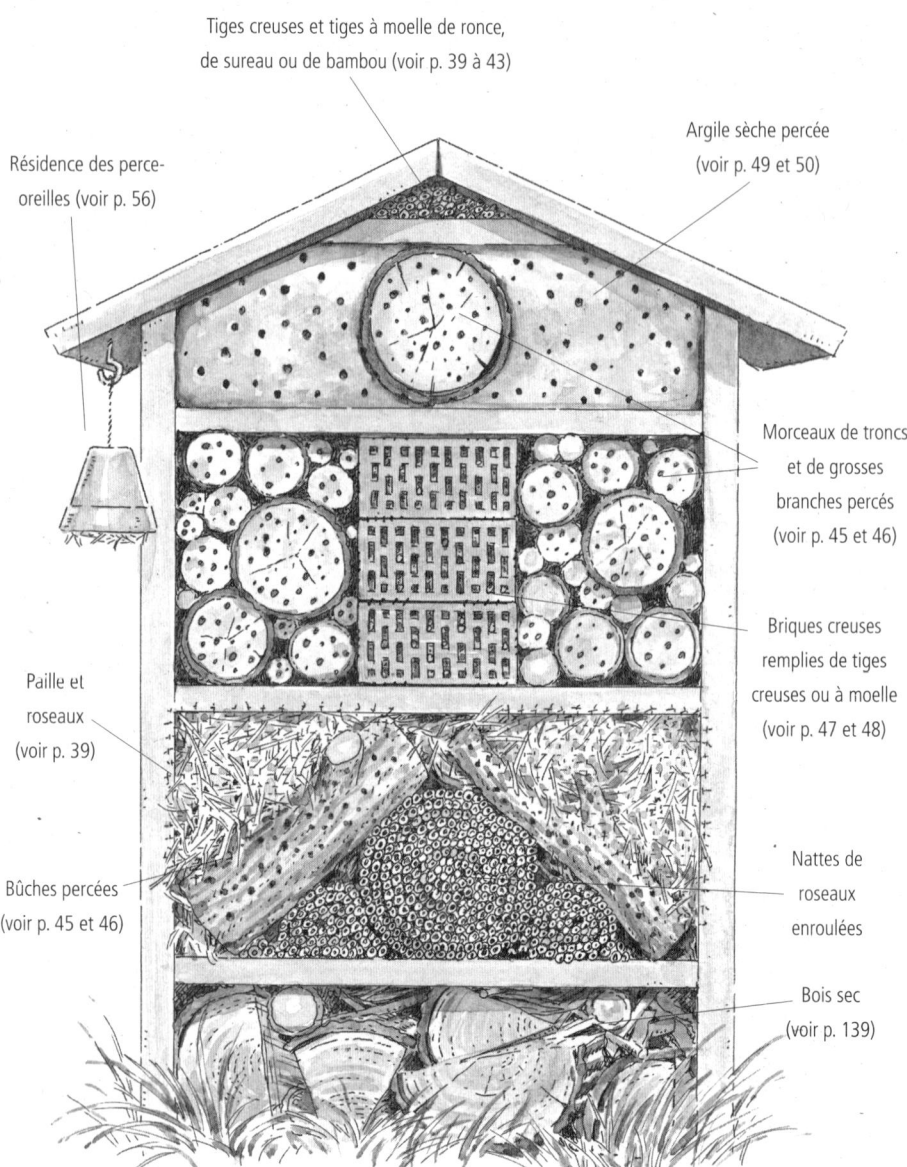

Tiges creuses et tiges à moelle de ronce, de sureau ou de bambou (voir p. 39 à 43)

Argile sèche percée (voir p. 49 et 50)

Résidence des perce-oreilles (voir p. 56)

Morceaux de troncs et de grosses branches percés (voir p. 45 et 46)

Briques creuses remplies de tiges creuses ou à moelle (voir p. 47 et 48)

Paille et roseaux (voir p. 39)

Bûches percées (voir p. 45 et 46)

Nattes de roseaux enroulées

Bois sec (voir p. 139)

Hôtel à insectes achevé, avec tous ses compartiments.

On voit de grands convois de nourriture partir en direction des réserves, et quelquefois des rapines dans les stocks. Bref, l'hôtel à insectes nous ouvre les portes du monde fascinant des abeilles et de quelques espèces de guêpes solitaires. Vous vous apercevrez que bien des préjugés sont en réalité infondés. Et les piqûres dans tout cela ? Pas la peine de vous inquiéter, les abeilles sauvages et autres pensionnaires d'un hôtel à insectes ne sont pas agressives. Ce sont des créatures utiles, infiniment passionnantes.

On peut apprendre beaucoup sur les insectes rien qu'en les observant

Construire un hôtel à insectes est non seulement très facile, mais c'est aussi un plaisir pour les grands et les petits – vos enfants auront peut-être envie de mettre la main à la pâte (voir les instructions des pages 31 à 33). Libre à vous de choisir comment aménager les différents espaces, le tout étant de faire primer la diversité : les abeilles et les guêpes solitaires sont généralement très spécialisées et ne s'installent que dans des espaces qui répondent parfaitement à leurs besoins. Il est évidemment possible de réaménager les différents compartiments au fil du temps, mais vous devrez attendre le printemps suivant, lorsque vos pensionnaires auront quitté leurs quartiers d'hiver et que leurs remplaçants ne seront pas encore arrivés.

Un hôtel à insectes garni de matériaux variés constitue un gîte pour de nombreuses espèces

Voici quelques idées de matériaux pour remplir votre hôtel (vous en trouverez la description détaillée à partir de la page 34).

- Les **briques creuses**, les **briques alvéolaires** et les **morceaux de bois dur** peuvent très simplement s'empiler.
- La **paille** et les **roseaux** doivent être liés en fagots. Disposés dans des tubes en terre cuite ou sous des tuiles faîtières, ils sont du meilleur effet.

Une multitude de matériaux pour répondre à des besoins variés

- Les **nattes de roseaux enroulées** sur elles-mêmes et les **morceaux de bois percés** constituent des nichoirs pour les abeilles coupeuses de feuilles, les osmies ou encore les *Hylaeus*.
- Les **briques creuses et alvéolaires** sont notamment appréciées des abeilles cotonnières et des osmies, mais aussi des guêpes solitaires.
- Les **morceaux de bois qui comprennent des galeries** creusées par des insectes, **des fentes ou d'autres cavités** offrent un habitat aux abeilles charpentières, aux anthophores et aux abeilles coupeuses de feuilles.
- Les **branches séchées de sureau**, de même que les **tiges de ronce ou de framboisier** sont parfaites pour les insectes qui aiment les tiges à moelle.
- Très décoratives, les **bûches empilées** offrent des cachettes à une multitude d'insectes et un matériau de construction à la grande famille des vespidés (qui regroupe de nombreuses guêpes et les frelons).
- Emplissez un **pot de fleurs en terre cuite** d'un mélange d'argile humide et de morceaux de paille ou de laine de bois, puis faites-y des trous : vous obtiendrez une petite paroi idéale pour les collètes et les *Hylaeus*.
- Les **trous des parpaings** sont généralement trop gros pour les abeilles et les guêpes solitaires. Bouchez-les avec de l'argile, puis faites-y quelques trous plus petits. Les collètes et les guêpes maçonnes y ménageront des cavités tout en longueur pour y installer leur nid et utiliseront l'argile prélevée comme matériau de construction.

Ce ne sont là que quelques suggestions. Avec un peu d'imagination et de sens pratique, vous pourrez aménager l'hôtel à insectes de vos rêves !

Hôtel à toit à double pente

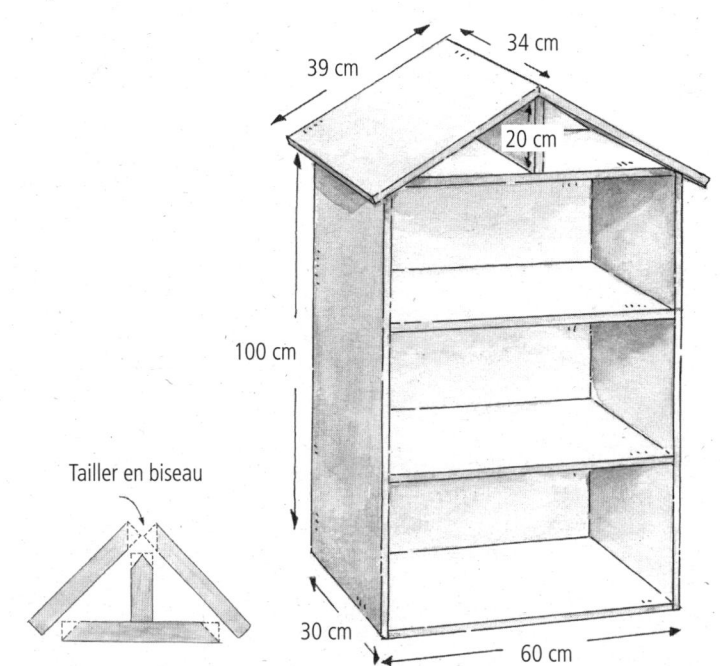

Tailler en biseau

Matériel

- Toit : 2 planches de 39 × 34 × 2 cm
- Base : 1 planche de 56 × 30 × 2 cm
- Faces latérales : 2 planches de 100 × 30 × 2 cm
- Face arrière : 2 planches de 120 × 30 × 2 cm, dont le haut sera coupé en biseau pour que l'un des côtés mesure 100 cm (voir l'illustration)
- Étages : 3 planches de 56 × 30 × 2 cm
- Planchette verticale : 1 planche de 30 × 20 × 2 cm
- Pour couvrir le toit : 1 feuille bitumineuse d'environ 80 × 44 cm ; natte de roseaux, rameaux de bouleau, rondins coupés en deux, etc.
- Clous ou vis pour assembler les pièces de bois
- Clous pour fixer la feuille bitumineuse

Hôtel à toit plat

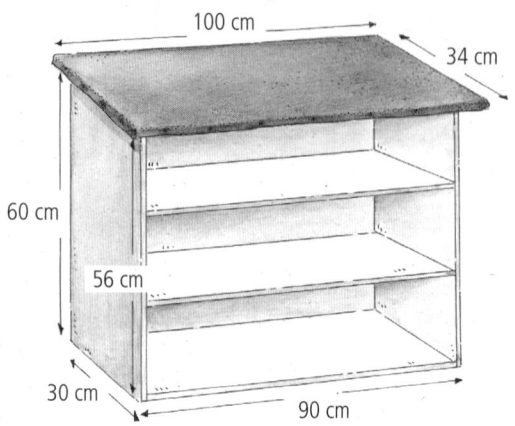

Matériel
- Toit : 1 planche de 100 × 34 × 2 cm
- Base : 1 planche de 86 × 30 × 2 cm
- Faces latérales : 2 planches de 60 × 30 × 2 cm, dont le haut sera coupé en biseau pour que l'un des côtés mesure 56 cm (voir l'illustration)
- Face arrière : 3 planches de 60 × 30 × 2 cm
- Étages : 2 planches de 86 × 30 × 2 cm
- Pour couvrir le toit : 1 feuille bitumineuse d'environ 110 × 44 cm ; natte de roseaux, rameaux de bouleau, rondins coupés en deux, etc.
- Clous ou vis pour assembler les pièces de bois
- Clous pour fixer la feuille bitumineuse

Outils
Vous n'avez pas besoin d'outils sophistiqués. Il suffit d'une bonne scie, d'un marteau ou d'un tournevis, d'une lime à bois et d'une feuille de papier de verre – bref, des accessoires que l'on trouve dans toutes les maisons.

Bois

Utilisez des planches de pin, d'épicéa ou de sapin non traité. Pour le cadre, les étages et la paroi arrière des modèles présentés, il vous faut des planches de 30 cm de large et de 2 cm d'épaisseur. Notez bien que celles du toit font également 2 cm d'épaisseur, mais qu'elles mesurent 34 cm de large.

Instructions

- Poncez les arêtes de toutes les planches avec du papier de verre.
- Clouez les parois latérales sur la base (demandez à quelqu'un de tenir les planches pendant que vous les clouez).
- Pour stabiliser le tout, clouez la planche correspondant au palier supérieur, puis la paroi arrière.
- La paroi arrière est constituée de deux (modèle avec toit à double pente) ou trois planches (modèle avec toit plat). À présent, votre hôtel tient tout seul ; vous pouvez poursuivre votre travail tranquillement, sans qu'il ne risque de s'écrouler.
- Pour un hôtel à toit en double pente, avant de clouer ensemble les pièces, limez un peu les bords des planches du toit qui seront assemblés, le bord supérieur de la planchette verticale qui soutient le toit ainsi que les bords des parois latérales, et ce en fonction de l'inclinaison du toit. Vous pouvez, si vous le souhaitez, utiliser des vis à bois à la place des clous.
- Couvrez le toit d'une feuille bitumineuse ou bien d'une natte de roseaux, de rameaux de bouleau, de rondins coupés en deux, etc.

Installation et entretien

Une fois la construction de votre hôtel achevée, installez-le dans votre jardin, sur votre terrasse ou votre balcon, par exemple sur une rangée de tuiles ou contre un mur de votre maison. Il faut choisir un endroit ensoleillé, chaud et sec, et protégé du vent. Dans la mesure du possible, les ouvertures des nichoirs doivent être orientées au sud-est voire sud-ouest. L'hôtel doit être prêt au plus tard à la fin du mois de février ou début mars.

Aménager un hôtel à insectes pour les abeilles solitaires

On recense environ 30 000 espèces d'abeilles sauvages dans le monde

Il existe environ trente mille espèces d'abeilles sauvages dans le monde et un millier en France. Les entomologistes les classent en sept familles, quelques sous-familles et une multitude de genres.

Dans leur grande majorité, les abeilles sauvages sont solitaires : elles n'établissent pas de liens sociaux entre elles. Chaque femelle construit son nid. Elle y constitue des stocks de pollen et de nectar, puis y pond des œufs. Les larves se nourrissent ensuite des provisions de pollen et de nectar. La mère ne s'occupe plus de rien et laisse la nature faire son travail.

De nombreuses espèces d'abeilles ont élaboré un mode de vie à la fois social et solitaire

De nombreuses abeilles ont élaboré un mode de vie à mi-chemin entre les modes de vie social et solitaire. Certaines espèces de la famille des halictes construisent un nid commun, mais chaque femelle s'occupe de sa descendance. Chez d'autres espèces témoignant d'un embryon de vie sociale, les femelles s'occupent du nid et nourrissent les larves ensemble. Chez d'autres encore, on observe des formes de vie sociale basiques : plusieurs femelles d'une même génération utilisent un nid commun, leur progéniture reste avec elles et les aide à agrandir le nid ou à s'occuper de la génération suivante.

Les abeilles-coucous pondent leurs œufs dans les nids d'autres espèces

Mais il existe aussi des espèces qui ne construisent pas de nid et ne sont pas équipées pour récolter ou transporter du pollen. Ces « abeilles-coucous » s'introduisent subrepticement dans les nids d'autres abeilles et y pondent leurs œufs dans les cellules toutes prêtes.

L'osmie rousse
Osmia bicornis (ou *Osmia rufa* L.)

On compte une trentaine d'espèces d'osmies (du genre Osmia*), ou abeilles maçonnes, en France. La plupart possèdent une fourrure épaisse, de couleur foncée, mais certaines ont une teinte métallique plus claire. Les abeilles maçonnes construisent leurs nids de différentes façons. Certaines les bâtissent dans le sol, sous forme de colonies ; d'autres les installent sur des rochers ou des façades de maisons ; d'autres encore les aménagent exclusivement dans des coquilles d'escargots vides.*

Les larves de l'osmie rousse sortent des œufs au printemps et quittent leur abri hivernal entre mars et avril. Les mâles se livrent à de véritables combats pour obtenir les faveurs des femelles. Peu de temps après l'accouplement, ces dernières se mettent en quête d'un endroit où nicher.

Elles ne sont pas très exigeantes et trouvent facilement leur bonheur : une cavité dans un mur, un espace entre des tuiles, une fente dans une poutre ou le crépi d'un mur, parfois même le trou de la serrure d'un vieux bâtiment. Lorsque la cavité est ouverte à l'arrière, la femelle commence par y construire une cloison. Puis elle bâtit la première cellule avec un mélange d'argile et de salive. Lorsqu'elle est terminée, l'abeille l'emplit à moitié de nectar et de pollen.

Ensuite, elle pond un œuf dans la cellule et la clôt avec le même mélange d'argile et de salive. Puis elle construit d'autres cellules devant la première, les unes à la suite des autres. Une dizaine de jours après la ponte, les larves sortent des œufs. Pendant vingt à vingt-cinq jours,

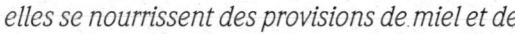

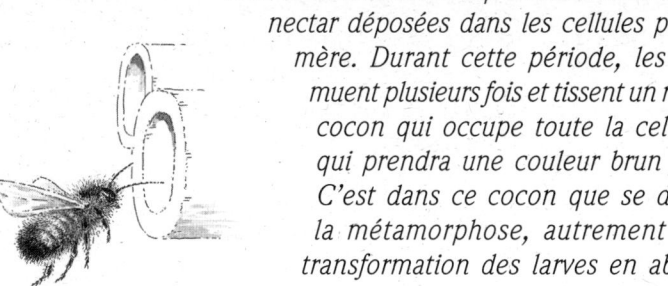

elles se nourrissent des provisions de miel et de nectar déposées dans les cellules par leur mère. Durant cette période, les larves muent plusieurs fois et tissent un robuste cocon qui occupe toute la cellule et qui prendra une couleur brun foncé. C'est dans ce cocon que se déroule la métamorphose, autrement dit la transformation des larves en abeilles.

Cette transformation s'achève vers la fin de l'été. Les osmies passent ensuite l'hiver au chaud dans leur cocon.

Plantes pollinisées : *l'osmie rousse n'est pas difficile. Elle butine presque toutes les plantes à fleurs qui offrent suffisamment de nectar et de pollen. Au printemps, par exemple, elle apprécie les fleurs de pommier, les violettes, les pulmonaires ou encore les chatons de saule.*

Nichoirs : *fagots de branches de sureau, briques d'argile et morceaux de bois percés, murs en torchis, bambou, briques alvéolaires remplies de tiges creuses de végétaux.*

Les abeilles solitaires ont besoin d'habitats spécifiques pour y aménager leur nid, que ce soit au-dessus ou en dessous de la surface de la terre.

Un endroit chaud et sec

D'une manière générale, les abeilles choisissent des endroits bien aérés et ensoleillés. Le soleil et une bonne circulation de l'air permettent au nid de sécher rapidement après une averse. C'est primordial pour la survie de la couvée, car en cas d'humidité prolongée, les œufs et les réserves de pollen risquent de moisir. En outre, les différentes espèces d'abeilles ont des besoins spécifiques très variables, déterminés génétiquement.

Les collètes tapissent leurs cellules d'une sécrétion hydrofuge

Les collètes, par exemple, font des cavités en forme de tube dans des sols sableux et argileux, puis y aménagent des cellules. Elles les tapissent d'une sécrétion glandulaire qui durcit rapidement. Cette substance hydrofuge assure une humidité constante de l'air à l'intérieur des cellules, ce qui empêche l'apparition de moisissures et d'autres champignons. Autre avantage : le nid ne risque pas d'être inondé ni endommagé en cas de forte pluie.

Si certaines abeilles utilisent un matériau de construction qu'elles produisent, d'autres, comme les osmies (parfois appelées « abeilles maçonnes ») et les mégachiles (également appelées « abeilles coupeuses de feuilles »), se servent de matériaux puisés dans la nature : sable, gravillons, argile, moelle et fibres de tiges de végétaux, poils d'animaux, fragments de feuilles, etc. Ces matériaux sont parfois combinés, mâchés et mélangés avec de la salive ou du nectar pour former une sorte de mortier. La plupart de ces abeilles ne creusent pas de nids. Elles les installent dans des cavités préexistantes : tiges de plantes, toits en roseaux ou en chaume, fissures ou interstices dans des murs ou des rochers, coquilles d'escargots vides, etc. Parfois même, elles s'approprient des galeries creusées par d'autres insectes dans les poteaux d'une clôture, les poutres d'un vieux bâtiment ou les arbres morts.

Certaines abeilles aménagent leur nid dans un mur fissuré, une tige de plante, une coquille d'escargot ou encore un trou de serrure

Certaines abeilles accrochent leur nid à des murs, des pierres ou des arbres, avec des types de construction particulièrement intéressants. C'est notamment le cas d'une espèce d'anthidie résinière, l'*Anthidium strigatum* (voir page 38).

Vous pouvez mettre à disposition des abeilles des nichoirs très simples, comme des tiges de plantes creuses ou à moelle, des souches ou des morceaux de bois percés, des briques creuses ou de l'argile.

L'osmie bicolore *(Osmia bicolor)* installe sa descendance dans des coquilles d'escargots vides.

Aucun oiseau ne peut détruire un nid de mégachiles (voir page 52).

L'anthidie
Anthidium strigatum

Les anthidies dites « résinières » (par opposition aux anthidies « cotonnières ») collectent de la résine de pin ou d'autres conifères. L'espèce Anthidium strigatum *construit avec cette résine des cellules à couvain en forme de cloche, qu'elle accroche à des tiges de végétaux, des troncs d'arbres ou des rochers. Pendant toute la période de construction du nid, elle part également collecter du pollen et du nectar afin de faire des stocks de nourriture pour les futures larves. Les cellules sont trop petites pour qu'elle puisse se mouvoir à l'intérieur, aussi a-t-elle mis au point une technique pour y décharger ses provisions. Elle commence par y entrer la tête la première : le pollen accroché sur l'avant de son corps se détache et tombe dans la cellule. Puis elle ressort, fait un demi-tour sur elle-même et y retourne à reculons pour décharger la majeure partie de son pollen, qui est collée à sa brosse ventrale.*

Parallèlement, l'abeille poursuit la construction du nid avec de la résine, à laquelle elle ajoute quelques minuscules fragments d'écorce, qui rendent le nid moins visible dans son environnement. À terme, le nid prend la forme d'une cloche ouverte vers le haut ; l'abeille ne peut plus qu'y entrer la tête la première et en sortir à reculons. Elle finit par pondre un œuf sur la réserve de nourriture, puis apporte une dernière touche à sa construction : une sorte de goulot d'étranglement, avec une petite ouverture pour que la larve puisse respirer.

Plantes pollinisées : *avant tout le lotier, mais aussi la jasione des montagnes ou encore la linaire commune.*

Les tiges creuses

Pour ce type très simple de nichoirs à abeilles, il vous faut des morceaux de bambou ou de roseau, de la paille ou des tiges d'arbrisseaux creux ou à moelle. Vous trouverez bon nombre de ces matériaux dans votre jardin ou celui de vos voisins.

Au printemps, les tailles de bambou, de buddleia, de sureau, de ronce, de framboisier ou de rosier *Rosa corymbifera* fournissent des matériaux tout à fait adaptés. Mais dans l'idéal, choisissez des tiges un peu plus grosses, comme celles des forsythias ou des seringas, qui sont déjà suffisamment creuses pour que les abeilles n'aient pas à les vider davantage.

Les forsythias et les seringas fournissent des tiges idéales

N'oubliez pas les plantes des mares. Si chaque printemps ou presque, vous devez tailler la végétation de la mare de votre jardin, regardez-la de plus près : l'herbe de la pampa, les roseaux et certains buissons possèdent des tiges creuses en quantité, parfaites pour un nichoir.

Découpe et séchage

Commencez par débarrasser les tiges des éventuelles feuilles et tiges latérales, puis coupez-les en tronçons d'au moins dix centimètres de long à l'aide d'un bon sécateur. L'extrémité arrière de la tige doit être obturée par un nœud, tandis que la partie avant reste ouverte et facilement accessible.

Une extrémité des tiges creuses doit être obturée par un nœud

Vous devez ensuite laisser sécher les tiges pendant quelque temps, puis vérifier que l'intérieur est bien dégagé. Au besoin, éliminez la moelle ou les parois à l'aide d'un fil de fer, d'une aiguille à tricoter ou encore d'une tarière manuelle suffisamment fine. N'oubliez pas d'éliminer ensuite les débris et la sciure. Cela dit, ce n'est pas grave s'il reste de petites parties de moelle dans les tiges : les abeilles les retireront ou les utiliseront comme matériau de construction.

Beaucoup d'abeilles sont capables d'éliminer les particules de moelle qui restent dans les tiges

L'abeille coupeuse de feuilles (mégachile) découpe des morceaux de feuilles pour tapisser les cellules de son nid, qu'elle installe dans des tiges creuses (voir page 133).

Utilisation

Une fois prêtes, les tiges s'utilisent de mille et une façons. Laissez libre cours à votre imagination !

Pour fabriquer un nichoir très simple, liez plusieurs tiges avec du fil de fer ou de la corde de sorte à former un petit fagot, puis placez celui-ci à un endroit ensoleillé, par exemple sur la balustrade d'un balcon ou un rebord de fenêtre.

Pour fabriquer un nichoir, il suffit de quelques tiges et d'un bout de fil de fer ou de corde

Si vous avez de vieilles briques creuses, garnissez-en les trous de tiges de bambou ou de branches de forsythia.

Il est également possible d'insérer des petits fagots de roseaux ou de paille dans une boîte de conserve ouverte des deux côtés, ou bien dans une boîte en bois ouverte sur l'avant. Vous pouvez confectionner une caisse avec cinq planches (quatre pour les

Des boîtes de conserve ou des caisses en bois pour protéger les tiges de la pluie

côtés et une pour le fond) et une poignée de clous. Vous pouvez aussi fabriquer une boîte triangulaire ou en forme de nichoir à oiseaux, avec une ouverture à l'avant et un toit plat ou à double pente. Le toit peut ensuite être décoré, voire couvert d'une natte en roseaux, particulièrement intéressante pour les abeilles sauvages.

Les caisses en bois doivent être pourvues d'un fond, qui peut éventuellement être équipé d'un système de fixation ; une plaque d'acier percée, des pattes, des équerres ou un fil de fer permettent d'accrocher l'abri à un mur. Les tiges doivent être bien serrées, mais pas tassées. Vous pouvez protéger la face avant de la caisse avec du grillage : cela empêchera les tiges de tomber et les oiseaux de venir les voler pour manger leur contenu. Si vous ne voulez pas utiliser de grillage, fixez les tiges sur le fond de la caisse avec un peu d'argile ou de colle à carrelage par exemple (étalez l'argile avec une spatule sur la face arrière, puis plantez-y les tiges). Ensuite, les nichoirs peuvent être installés sur la balustrade d'un balcon, un mur ou un poteau, à un endroit ensoleillé, à l'abri du vent et de la pluie. Dans l'idéal, la face avant doit être orientée vers le sud.

Un morceau de grillage pour empêcher les oiseaux de manger la couvée

Les abeilles doivent pouvoir entrer facilement dans leurs appartements. Si vous fixez votre nichoir à un arbre, veillez à ce que les entrées ne soient pas obstruées par des branches ou des feuilles. Veillez également à ce qu'il ne risque pas de se balancer en cas de vent. Votre nichoir doit être mis en place début mars au plus tard.

Les nichoirs ne doivent pas se balancer au vent ni rester à découvert

Il ne faut pas ouvrir les tiges qui sont occupées et fermées, ni les racler pour les nettoyer, ni les remplacer. En hiver, vous tueriez les abeilles qui s'y sont abritées pour y passer la mauvaise saison. Dites-vous que, de toute façon, beaucoup d'abeilles sauvages sont capables d'éliminer elles-mêmes les

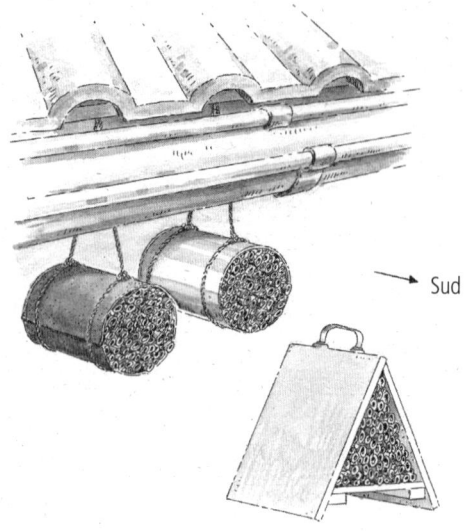

Sud

Pour des nichoirs tout simples, insérez des petits
fagots de tiges creuses dans un abri.

restes d'anciens nids et d'aménager à nouveau les
tiges. En revanche, si vous avez des nichoirs très
abîmés qui ne sont pas occupés, vous pouvez si vous
le souhaitez les remplacer.

Les tiges à moelle

Certaines abeilles sauvages comme les mégachiles
sont capables de vider elles-mêmes la moelle des
plantes. Comme leurs œufs passent l'hiver dans
ces tiges et qu'ils n'éclosent qu'à la venue du printemps, vous pouvez les aider tout simplement en
ne coupant pas les vieilles tiges d'herbacées fanées

Une boîte de conserve ouverte des deux côtés et remplie de tiges de bambou n'offre que l'embarras du choix aux abeilles sauvages.

de votre jardin avant l'hiver. Attendez le printemps pour reprendre votre sécateur : au retour des beaux jours, les abeilles adeptes des tiges à moelle ont suffisamment d'endroits où nicher.

Parmi les vivaces, les abeilles apprécient les tiges sèches de chardon, de molène ou de digitale, les branches de sureau, de forsythia, de ronce, de framboisier ou de rosier *Rosa corymbifera*. Du côté de la mare, elles s'intéressent notamment aux tiges creuses ou pleines de jonc, de lysimaque, de massette et de prêle des eaux.

Certaines espèces passent l'hiver dans des tiges de ronce ou de digitale

Débarrassez les tiges de leurs feuilles et des éventuelles tiges secondaires, coupez-les en morceaux d'environ un mètre de long, puis formez un fagot avec une dizaine ou une quinzaine de tiges. Placez ensuite ce fagot à un endroit ensoleillé, contre une clôture, une pergola, la balustrade d'un balcon ou un arbre, à la verticale ou en position inclinée pour que l'eau puisse s'écouler. Ce type de nichoirs doit être prêt au plus tard début mars.

À noter que les tiges relativement souples, comme celles des digitales et des molènes, doivent être changées tous les deux ou trois ans, au printemps.

L'*Hylaeus*
Hylaeus

Le genre Hylaeus *appartient à la sous-famille des Colletinae, qui fait elle-même partie de la famille des collétidés (Colletidae). La plupart des abeilles de cette sous-famille ne possèdent pas d'organes adaptés pour collecter le pollen. Elles avalent le pollen et le nectar, puis le transportent dans leur jabot. On compte plus de cinq cents espèces d'*Hylaeus *dans le monde.*

Le petit Hylaeus communis *mesure cinq à sept millimètres de long. Comme bon nombre d'espèces du genre* Hylaeus, *il possède une langue très courte et butine pour cette raison des fleurs dont le nectar est facilement accessible. Il niche dans toutes sortes de fissures ou de cavités allongées présentes dans des constructions en torchis et autres, mais aussi dans des tiges creuses ou d'anciennes galeries creusées par des coléoptères. L'*Hylaeus communis *construit un nid formé de cellules alignées les unes après les autres. Pour ce faire, il utilise un liquide qu'il sécrète grâce à une glande. Cette sécrétion durcit rapidement et peut former de très fines parois transparentes entre les cellules. Pour fermer l'entrée du nid, l'abeille utilise une plus grande quantité de ce liquide.*

Plantes pollinisées : *les abeilles du genre* Hylaeus *butinent de nombreuses plantes de nos jardins ; rosacées, cirse commun, framboisier, ronce ou encore carotte sauvage.*

Nichoirs : *morceaux de bois percés, briques creuses garnies de tiges, tiges à moelle, murs en torchis, en argile ou en pierres sèches.*

Les morceaux de bois percés

Beaucoup d'abeilles sauvages pondent leurs œufs dans des petites galeries dans le bois. Comme elles ne sont pas capables de creuser elles-mêmes ces trous, elles s'installent dans d'anciennes cavités aménagées par certains coléoptères. Il est très facile d'aider les abeilles en mettant à leur disposition des nichoirs de ce type.

Pour cela, il vous faut des morceaux de bois bien secs d'au moins la taille d'une brique, une perceuse et, dans la mesure du possible, différentes mèches allant de deux à dix millimètres. Pour le bois, choisissez une branche épaisse, un tronc ou un bloc carré ou rectangulaire de bois de chêne, de hêtre, de frêne, d'acacia, de bouleau, de pommier ou d'érable. Les conifères sont moins indiqués : leur bois tendre et composé de fibres épaisses risque de gonfler et les trous de se reboucher en cas d'humidité.

Une perceuse suffit pour transformer un morceau de bois en nichoir

Percez parallèlement le bois, sur toute sa profondeur, en espaçant les trous d'environ deux centimètres. Veillez à ce que le bois ne craque pas. Si vous faites des trous avec des mèches de différentes tailles, une multitude d'abeilles y trouveront leur bonheur.

Choisissez du bois dur composé de fibres fines, comme le chêne, le hêtre ou le bouleau

Tout comme les fagots de tiges (voir page 40), ces morceaux de bois doivent être placés à un endroit ensoleillé, à l'abri de la pluie et du vent, sous un toit en saillie, sur une terrasse ou un balcon, contre un arbre, un mur, un abri de jardin, etc., les ouvertures étant dans l'idéal orientées vers le sud-est. Vous pouvez combiner des nichoirs en bois avec d'autres types de nichoirs, en installant le tout dans une caisse en bois (voir page 28). Enfin, troisième possibilité : assemblez plusieurs nichoirs en bois et coiffez le tout d'une natte de roseaux, d'écorces ou de vieilles tuiles plates en guise de toit.

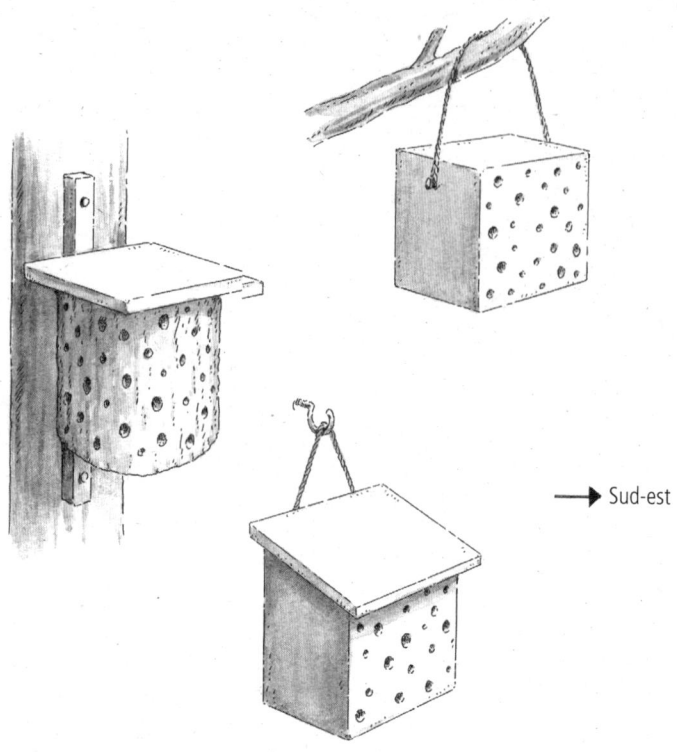

→ Sud-est

Les abeilles sauvages affectionnent particulièrement les morceaux
de bois percés installés à un endroit ensoleillé et abrité,
contre un mur ou un arbre.

Vous ne devez ni déboucher ni nettoyer les
trous fermés et occupés par des abeilles. Comme
nous l'avons dit, beaucoup d'abeilles sauvages sont
capables d'éliminer elles-mêmes les restes d'anciens
nids. Alors pourquoi ne pas laisser faire la nature ?
Vous trouverez davantage de conseils sur la façon
de faire sécher et de percer les morceaux de bois à
partir de la page 149.

Les briques creuses

Les briques creuses et les briques alvéolaires constituent d'excellents nichoirs pour certaines abeilles sauvages.

Les briques creuses sont vendues à prix modique dans les grands magasins de bricolage. Vous pouvez éventuellement récupérer des briques inutilisées chez un voisin ou une connaissance qui a fait des travaux.

Les trous des briques creuses étant généralement beaucoup trop gros, garnissez-les de tiges de bambou de dix à vingt centimètres de long, bouchées par un nœud à l'arrière. Fixez-les avec de l'argile, en inclinant légèrement l'avant vers le bas pour que l'eau de pluie ne puisse pas y pénétrer. Vous trouverez de l'argile (sous les noms de « terre glaise » ou de « bentonite » notamment) dans les drogueries et magasins de matériaux de construction (voir à partir de la page 146).

Comme la plupart des abeilles sauvages choisissent des trous d'un diamètre compris entre trois et six millimètres, vous pouvez entièrement remplir d'argile les gros trous d'une brique, puis la percer avec un bâtonnet (un crayon de papier par exemple) ou du fil de fer. Commencez par enfoncer complètement le bâtonnet ou le fil de fer, puis retirez-le précautionneusement, avec un mouvement de rotation. Lorsque l'argile est sèche, lissez au besoin l'intérieur des trous en faisant tourner le bâtonnet dedans. Enfin, bouchez l'ouverture arrière avec un peu d'argile supplémentaire.

Vous pouvez également perforer à la perceuse des briques de terre crue ou peu cuite, des briques recuites non vernissées ou des petits blocs de grès, en utilisant des mèches de différents diamètres. Bouchez au besoin l'extrémité arrière des trous avec un peu d'argile ou de colle à carrelage. La pierre

Avec un peu d'argile et quelques tiges, les cavités des briques se transforment en parfaits nichoirs

La plupart des abeilles sauvages choisissent des galeries d'un diamètre compris entre 3 et 6 mm

Évitez la pierre ponce : elle sèche trop lentement après la pluie

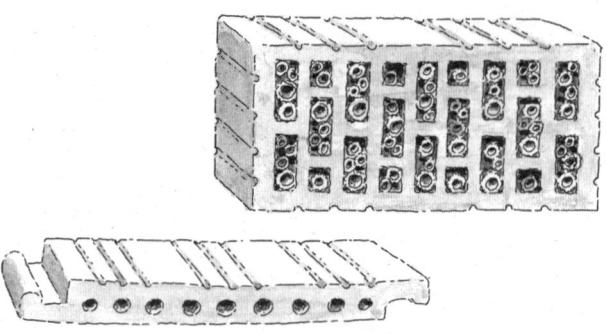

Les trous des briques peuvent être garnis de tiges creuses.

ponce est facile à percer, certes, mais elle est très poreuse et ne convient pas pour fabriquer un nichoir : des champignons risquent de se former et de tuer la couvée.

Les nichoirs en pierre s'adaptent parfaitement sur un mur de pierres sèches

Vous pouvez installer des briques creuses et des nichoirs en pierre isolément, à un endroit ensoleillé, abrité de la pluie et du vent, ou bien avec d'autres nichoirs, dans un hôtel à insectes, en plaçant les ouvertures vers l'avant (voir page 28). Très robustes, ils s'adaptent parfaitement sur les murs de pierres sèches (voir page 126). Ils doivent être mis en place début mars.

Les nichoirs en pierre, très solides, résistent bien au temps et ne doivent presque jamais être remplacés. Ne débouchez pas les trous obturés. Souvenez-vous que beaucoup d'abeilles sauvages sont capables de nettoyer elles-mêmes les vieux nids.

Les nichoirs en argile

Il existe des abeilles sauvages, comme les osmies, les collètes et les *Hylaeus*, qui construisent leur nid dans les parois de glaisières ou de sablières. Certaines creusent elles-mêmes leur nid, d'autres occupent des cavités existantes. Pour les aider simplement, mettez à leur disposition des nichoirs en argile. Vous trouverez davantage d'informations sur l'argile à partir de la page 146.

Pour que les abeilles et les autres hyménoptères qui creusent leur nid puissent le faire, la couche d'argile doit mesurer au minimum quinze centimètres d'épaisseur. Faites des trous de quatre à dix millimètres de diamètre et d'environ trois centimètres de profondeur dans l'argile humide ou sèche. Ces trous attirent les femelles à la recherche d'un endroit où nicher, qui les agrandissent. Comme les galeries qu'elles creusent se ramifient souvent, il convient de ménager les trous initiaux à huit à dix centimètres de distance les uns des autres. Si vous travaillez sur de l'argile humide, vous pouvez également y insérer quelques tiges creuses d'au moins dix centimètres de longueur (roseau, bambou, ronce) ; elles feront le bonheur des osmies et des mégachiles.

La couche d'argile doit faire au moins 15 centimètres d'épaisseur

Pour créer en un clin d'œil un petit abri pour les abeilles qui nichent dans l'argile, remplissez une caisse en bois d'argile humide et pratiquez-y, à l'aide d'un crayon à papier, plusieurs trous de trois à cinq centimètres de profondeur. Il vous suffira ensuite d'ajouter une fixation à votre caisse et de l'accrocher à un endroit ensoleillé, à l'abri de la pluie, contre la balustrade d'un balcon ou le mur d'une habitation.

Un vieux tube en terre cuite et un peu d'argile suffisent tout aussi bien à confectionner un petit abri à abeilles. Avec une meuleuse, coupez un morceau de tube d'une vingtaine de centimètres de longueur, puis emplissez-le d'argile, en la tassant

Un tube en terre cuite rempli d'argile s'insère facilement dans un hôtel à insectes

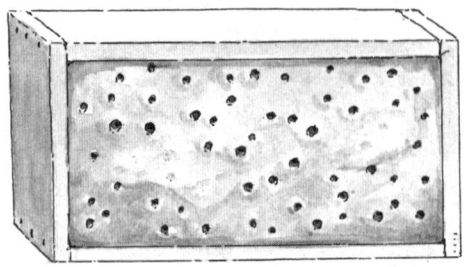

Une caisse en bois remplie d'argile offre aux collètes et
aux *Hylaeus* des conditions semblables à celles d'une glaisière.

bien. Si vous disposez de tiges de bambou, vous pouvez éventuellement en insérer quelques-unes dans l'argile encore fraîche. Laissez sécher à l'abri du soleil, en enveloppant le tube dans un linge humide pour éviter que des fissures se forment dans l'argile. Lorsqu'elle est bien sèche, pratiquez-y plusieurs trous de différents diamètres avec une perceuse équipée d'un foret à bois.

Les guêpes maçonnes aiment les espaces remplis d'argile et y creusent des galeries

En pratiquant des trous de cinq à huit centimètres de profondeur et de diamètres variés (quatre à dix millimètres) dans des briques de terre crue ou peu cuite et en remplissant certaines d'argile, vous offrirez un logement à des hyménoptères qui ont des besoins très spécifiques. L'*Hylaeus communis* (voir page 44), par exemple, s'installe généralement dans des trous préexistants. Certaines espèces de guêpes, en revanche, préfèrent creuser elles-mêmes leur nid et apprécient particulièrement les espaces remplis d'argile.

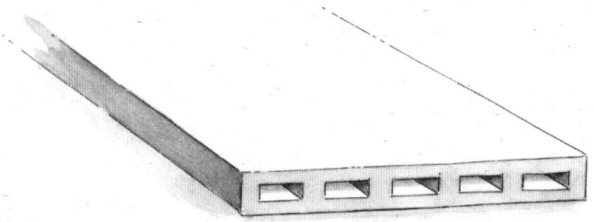

Les abeilles sauvages et d'autres insectes apprécient
les trous des briques creuses.

On peut combiner des briques de terre peu cuite
ou séchée à l'air avec d'autres nichoirs à base d'argile
dans un même hôtel à insectes (voir page 28) ou
dans un mur de pierres sèches (voir page 126), ou
bien pour former un mur. Dans ce dernier cas, il faut
associer plusieurs abris, par exemple des casiers à
bouteilles et des tubes en terre cuite, des caisses en
bois, des bacs à fleurs en pierre, des parpaings creux
ou des briques creuses, et remplir le tout d'argile. Ce
type de murs doit reposer sur des fondations solides,
en briques ou en pierre naturelle et en ciment, et
être protégé de la pluie par un toit.

Un nichoir en argile doit toujours être placé
à un endroit ensoleillé et protégé de la pluie, les
ouvertures orientées vers le sud. Par ailleurs, comme
l'humidité remonte, les briques de terre cuite ne
doivent pas être directement en contact avec la
terre. Il faut installer ce type de nichoirs au plus
tard début mars.

Les chalicodomes
Chalicodoma

Le sous-genre des chalicodomes fait partie du genre des mégachiles, principalement composé des abeilles coupeuses de feuilles ou « abeilles tapissières » (voir page 133). À noter que les chalicodomes sont parfois appelés « abeilles maçonnes », mais ce terme est couramment employé pour désigner les osmies.

Les mégachiles se caractérisent par leur taille affinée ainsi que par leur brosse ventrale, avec laquelle ils récoltent de grandes quantités de pollen. Il en existe plus de cinq cents espèces dans le monde.

Contrairement aux abeilles coupeuses de feuilles, qui construisent leur nid avec des fragments de feuilles, les chalicodomes utilisent une pâte à base de sable, d'argile, de nectar et de salive. La femelle commence par façonner contre un rocher ou un mur une cellule ouverte vers le haut. Elle emplit ensuite le fond d'un mélange de pollen et de nectar, pond un œuf sur ces réserves de nourriture, puis clôt la cellule avec le même mortier à base d'argile. Elle poursuit la construction du nid en ajoutant une deuxième cellule juste à côté de la première, et ainsi de suite. En règle générale, le nid final se compose de six cellules disposées irrégulièrement, mais il en compte parfois plus de dix. Lorsque les cellules sont achevées, la femelle couvre le nid d'une couche de pâte supplémentaire, qui sert notamment de camouflage. Extrêmement solide, cette nouvelle couche de mortier résiste même aux coups de bec des oiseaux, qui ne peuvent pas s'attaquer à la couvée.

Les abris en vente dans le commerce

Certains magasins proposent divers nichoirs à abeilles sauvages tout prêts : blocs en béton de bois percé, caisses contenant des morceaux de bois et de roseau, hôtels garnis de roseaux et de briques de terre cuite percées, etc. On trouve également des combinaisons spécifiquement destinées aux abeilles et aux guêpes solitaires, aux perce-oreilles, aux chrysopes, aux coccinelles, etc.

Les guêpes solitaires dans votre hôtel à insectes

Les nichoirs mis à disposition des abeilles sauvages attirent aussi quelques espèces de guêpes solitaires. Beaucoup d'entre elles, comme les chalcididés, parasitent les abeilles. D'autres comme les sphécidés (guêpes fouisseuses) ou les pompilidés s'occupent de leur couvée.

Outre les abeilles sauvages, les hôtels à insectes attirent des guêpes solitaires

Les guêpes-coucous (Chrysididae)

Les guêpes-coucous se caractérisent par leurs couleurs vives : bleu, vert, rouge, doré, etc. Il en existe une centaine d'espèces en Europe centrale. Elles ont toutes en commun de vivre de façon parasitaire. Beaucoup d'entre elles vont pondre un œuf dans le nid d'une autre guêpe ou d'une abeille solitaire. Lorsque la larve éclot, elle mange les larves de son hôte et parfois même les réserves de nourriture qui leur étaient destinées. Les guêpes-coucous sont capables de s'enrouler très vite sur elles-mêmes, ce qui leur permet d'échapper à d'éventuelles attaques : leur abdomen, mou, est ainsi protégé par leur face externe, suffisamment dure pour résister à une piqûre. L'hôte ne peut alors rien faire d'autre que saisir la guêpe par les ailes pour tenter de la mettre à la porte.

Les braconides (Braconidae)

On compte en Europe environ deux mille espèces de braconides, qui ne mesurent généralement que quatre à cinq millimètres de longueur. Les femelles pondent leurs œufs dans des larves hôtes, notamment des larves d'insectes que nous considérons comme des nuisibles. Il s'agit entre autres de larves de la famille des ptinidés (ordre des coléoptères) et des chenilles de la piéride.

Les tenthrèdes (Tenthredinidae)

Contrairement à la plupart des guêpes, les insectes de la famille des tenthrèdes n'ont ni taille fine ni dard. Toutefois, beaucoup d'entre elles

portent des rayures jaunes et noires, ce qui leur permet de se faire passer pour leur cousine et de se faire respecter. Il existe également des espèces avec des motifs et des couleurs variés, allant du rouge au vert en passant par le jaune. Les tenthrèdes pondent leurs œufs dans des plantes. Leurs larves ressemblent à des chenilles et se nourrissent de feuilles.

Les chalcididés (Chalcididae)

La famille des chalcididés comprend surtout des insectes à la teinte métallique, mais aussi des espèces de couleur plus sombre. Beaucoup vivent de façon parasitaire, certains étant même des parasites seconds : ils parasitent les œufs ou les larves d'autres insectes parasites.

Certaines espèces comme l'Aphelinus mali sont extrêmement utiles pour l'homme. Leurs larves se développent et se métamorphosent dans des pucerons lanigères, un type de pucerons de couleur rouge-marron ; lorsque les Aphelinus mali finissent par sortir de leurs hôtes, il n'en reste plus qu'une enveloppe vide. Aussi cette espèce est-elle élevée et utilisée dans la lutte biologique contre ces pucerons.

Les mymarides (Mymaridae)

Avec un corps mesurant entre 0,2 et 5 millimètres, les mymarides font partie des plus petits insectes volants au monde. Leurs larves se développent dans les œufs d'Auchenorrhyncha ou de charançons (Curculionidae). Certaines espèces choisissent des hôtes qui vivent sous l'eau et s'attaquent aux œufs de népomorphes, de libellules ou encore de trichoptères, qu'elles piquent.

Les guêpes à galle (Cynipidae)

Foncées, de couleur peu voyante, les guêpes à galle ne mesurent que quelques millimètres. La plupart des espèces de cette famille pondent dans des feuilles de chêne, ce qui provoque la formation de différents types de galles du chêne, en fonction des espèces. La galle, généralement de forme sphérique, protège la larve et la nourrit.

Mais dans la plupart des cas, la larve de la guêpe à galle n'est pas la seule à s'y développer. Comme d'autres espèces, elle est victime des chalcididés et des ichneumons. Bon nombre de galles hébergent aussi d'autres pique-assiettes.

Les siricidés (Siricidae)

Les femelles des siricidés possèdent au bout de l'abdomen un organe allongé rétractable (l'ovipositeur) qui leur sert à percer et à pondre leurs œufs. C'est avec cette aiguille creuse qu'elles font des trous dans le bois, puis qu'elles y introduisent leurs œufs. Lors de la ponte, elles déposent également un type particulier de champignons qui accélère la décomposition du bois. Une fois sorties des œufs, les larves vivent en symbiose avec ce champignon, dont elles semblent avoir besoin pour se développer.

Les pompilidés (Pompilidae)

Les pompilidés se caractérisent par des antennes et des pattes très longues. Toutes les espèces de cette famille ont comme point commun d'être des prédatrices d'araignées. Elles les piquent au niveau du système nerveux pour les paralyser, puis elles traînent leurs volumineuses proies jusque dans leur nid et pondent un œuf dessus. Lorsque la larve sort de son œuf, elle trouve l'araignée paralysée encore en vie et elle s'offre un bon repas de chair fraîche.

Les ichneumons (Ichneumonidae)

Le genre des ichneumons compte en Europe quelque six mille espèces à peine plus grandes que les braconides et difficiles à différencier les unes des autres. Comme chez les braconides, les femelles ichneumons s'attaquent aux larves et aux nymphes de papillons, de mouches ou de coléoptères : elles les piquent et y pondent leurs œufs. Elles jouent également un rôle important dans la régulation des écosystèmes.

La résidence des perce-oreilles

Les perce-oreilles, également nommés « forficules », sont des animaux nocturnes difficiles à observer car ils passent leur journée cachés sous les pierres, sous l'écorce des arbres ou derrière des planches.

Certains perce-oreilles s'envolent quand ils se sentent menacés

Ils pourraient théoriquement s'envoler lorsqu'on les dérange, mais de nombreuses espèces ne disposent que d'ailes atrophiées. Même celles aux ailes bien bâties ne volent que rarement devant les humains, principalement parce qu'elles vivent la nuit. Avant de décoller, un perce-oreille doit se préparer : ses ailes membraneuses sont pliées sous ses élytres d'une manière si complexe qu'il doit utiliser ses cerques pour les ouvrir.

Ce sont ses pinces, les cerques, qui lui donnent mauvaise réputation. Prenez un perce-oreille dans votre main, n'ayez pas peur. Vous verrez que même s'il tente de vous pincer, les cerques ne sont pas assez solides pour piquer la peau. Ils ne sont pourtant pas inutiles, car ils permettent au mâle de maintenir la femelle en place lors de l'accouplement.

Les perce-oreilles s'occupent de leur progéniture avec soin

Fait exceptionnel dans le monde des insectes, les perce-oreilles se montrent très soucieux de leur progéniture. Après avoir pondu une cinquantaine d'œufs au sol ou derrière une écorce d'arbre, la femelle s'en occupe en permanence. Elle les surveille et les retourne régulièrement pour les protéger des moisissures. Elle va jusqu'à les déplacer dans une autre cachette si son abri ne lui semble plus adapté.

Lors de recherches, des entomologistes ont retiré ses œufs à un perce-oreille et les ont dispersés dans son environnement. Le perce-oreille les a alors rassemblés. Une fois les œufs éclos, les larves bénéficient de la même attention de la part de

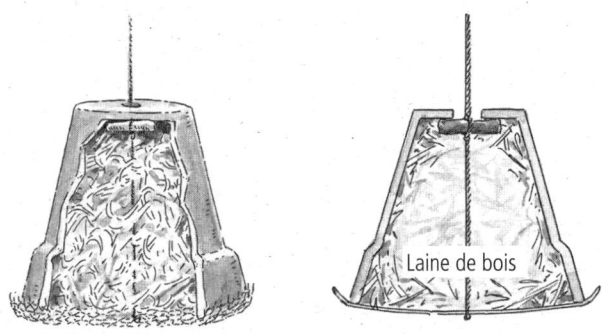

Pendant la journée, les perce-oreilles se réfugient dans la laine de bois,
à l'abri d'un pot de fleurs en terre cuite.

leur mère, qui les défend contre les prédateurs et les ramène au nid lorsqu'elles s'en éloignent trop.

En France, l'espèce la plus courante est le perce-oreille européen *(Forficula auricularia)*. Le perce-oreille a souvent mauvaise presse, car on l'accuse de se nicher dans le creux du pédoncule des pommes et de gâter le fruit en mangeant sa peau. En vérité, il utilise surtout la pomme pour se cacher. Les perce-oreilles sont des auxiliaires du jardinier qui se nourrissent de mouches mineuses, de mouches du chou, de cochenilles et de pucerons. On peut donc leur pardonner de grignoter parfois les fleurs de nos jardins.

Les perce-oreilles se nourrissent de pucerons et de certaines mouches nuisibles

Leur abri, un simple pot de fleurs en terre cuite

Il est possible de fabriquer soi-même un charmant abri à perce-oreilles, à l'aide d'un pot de fleurs en terre cuite, d'un tasseau de bois (plus petit que le fond du pot, mais plus long que le trou), d'un morceau de treillis métallique au maillage serré, d'une

Un pot de fleurs, du grillage, une ficelle et de la paille suffisent à offrir un gîte aux perce-oreilles

ficelle d'environ cinquante centimètres et d'un peu de paille ou de laine de bois.

Attachez la ficelle au milieu du tasseau de bois, puis faites passer la plus longue moitié de la ficelle à travers le trou du pot de fleurs. La moitié la plus courte doit pendre à l'intérieur du pot et être un peu plus longue que ce dernier est profond. Remplissez ensuite le pot avec de la laine de bois ou de la paille et attachez le treillage à l'aide de la moitié courte de la ficelle, afin qu'il maintienne le contenu du pot en place.

Les perce-oreilles n'aiment pas la lumière du jour

Accrochez ce pot contre une branche, afin que l'ensemble ne se balance pas au vent et que les perce-oreilles puissent entrer dans l'abri. Ces insectes n'aiment pas la lumière du soleil. Vous pouvez installer cet abri dès les premiers jours du printemps et le laisser à l'air libre toute l'année. Il est inutile de nettoyer ou de remplacer la laine de bois.

La demeure des chrysopes

Ses yeux dorés et ses ailes transparentes reflètent la lumière du soleil

La chrysope verte *(Chrysoperla carnea)* est un insecte frêle et délicat. Ses yeux aux facettes dorées et ses ailes transparentes finement couvertes de plaques de chitine, qui reflètent la lumière du soleil dans toutes les couleurs du spectre, lui donnent son nom poétique de « demoiselle aux yeux d'or ». Elle fait partie de l'ordre des névroptères et on en dénombre une cinquantaine d'espèces dans l'Hexagone.

Les *imagos* se nourrissent de pollen et de nectar, mais aussi de divers insectes nuisibles. Les larves, elles, sont exclusivement carnivores et s'alimentent de pucerons, d'acariens et de chenilles, ce qui leur vaut le surnom de « lion des pucerons ». Selon une étude, une larve de chrysope avalera, en trois semaines, près de quatre cent cinquante pucerons.

Cet appétit insatiable a créé un véritable commerce de larves de chrysopes, qui sont maintenant vendues aux jardiniers. Les œufs sont livrés dans une substance poudreuse que l'on mélange avec de l'eau. On pulvérise ensuite cette solution sur les plantes attaquées par les pucerons. Alors que les insecticides conventionnels ne distinguent pas nuisibles et auxiliaires, les chrysopes ne s'attaquent, elles, qu'aux nuisibles. La population de chrysopes diminue à mesure que ses réserves de nourriture s'épuisent. Rares sont les pucerons qui survivent.

En 3 semaines, une larve de chrysope dévore près de 450 pucerons

La résidence d'hiver des demoiselles aux yeux d'or

Il est possible d'acheter des abris à chrysopes dans lesquels les insectes peuvent se retirer dès le début de la saison froide. Ces gîtes en bois ou en béton de bois sont remplis de foin et possèdent des lamelles sur leur face avant pour faciliter l'envol de la demoiselle aux yeux d'or.

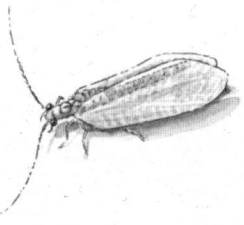

L'abri est peint d'un rouge éclatant. Beaucoup d'insectes perçoivent les couleurs différemment des humains et sont attirés par des teintes particulières. Les chrysopes, elles, aiment la couleur terre de Sienne.

La couleur terre de Sienne attire les chrysopes

Si vous ne souhaitez pas acheter un abri dans le commerce, vous pouvez simplement en construire un vous-même.

Maison pour chrysopes

Matériel
- Face arrière : 1 planche de 29 × 31 × 2 cm
- Faces latérales : 2 planches de 31 × 29 × 2 cm, dont le haut sera coupé en biseau pour que l'un des côtés mesure 29 cm (voir l'illustration)
- Toit : 1 planche de 36 × 32 × 2 cm
- Faces avant et inférieure : 13 tasseaux de 29 × 5 × 1 cm
- Tasseau pour la fixation : 40 cm de long
- Feuille bitumineuse : 44 × 40 cm
- Grillage à mailles serrées (grillage à poules ou à lapins) de 60 × 29 cm
- Clous ou vis pour assembler les tasseaux
- Clous pour fixer la feuille bitumineuse
- Peinture pour bois couleur terre de Sienne adaptée à une utilisation en extérieur, sans produits toxiques
- Paille pour le remplissage

Instructions
- Sciez les tasseaux et planches aux dimensions voulues, puis assemblez la boîte par vissage ou clouage.
- Clouez les petits tasseaux sur les parois latérales, à un angle de 45° par rapport aux faces avant et inférieure, en respectant un espacement de 3 cm.
- Installez le grillage sur les faces avant et inférieure de l'abri.
- Remplissez la boîte de paille et peignez-la avec une peinture microporeuse pour extérieur de couleur terre de Sienne.

Installation et entretien
Accrochez l'abri à 1,5 ou 2 m de hauteur, sur un arbre fruitier ou contre un mur. Les *imagos* y passeront l'hiver, de la mi-septembre au printemps suivant. Vous n'avez pas besoin de changer la paille.

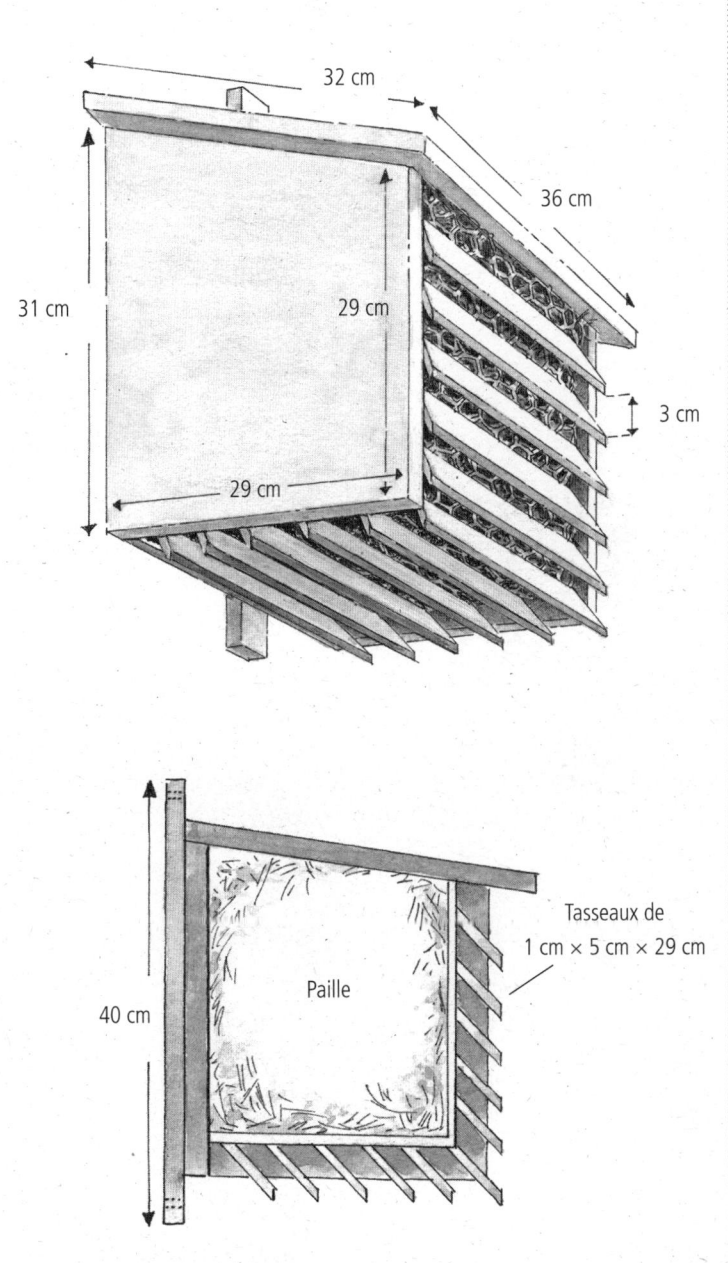

32 cm

36 cm

31 cm

29 cm

3 cm

29 cm

40 cm

Paille

Tasseaux de
1 cm × 5 cm × 29 cm

... et des papillons

Les papillons sont eux aussi de grands pollinisateurs. Comme les abeilles sauvages et d'autres insectes, ils sont menacés par le manque de plantes à nectar et de plantes nourricières, ainsi que par la disparition des abris où ils se réfugient traditionnellement pendant l'hiver.

Les papillons hivernent différemment selon qu'ils sont au stade larvaire, nymphal ou imaginal.

Les vanesses du chardon et les vulcains passent l'hiver au sud des Alpes

Les papillons migrateurs comme la vanesse du chardon ou le vulcain nous quittent pour passer l'hiver dans le Sud.

Le citron
Gonepteryx rhamni

Les citrons s'offrent à notre vue dès le début du printemps, pendant leurs vols nuptiaux. Les mâles jaune citron suivent de près les femelles moins colorées. En observant ces migrations, on a l'impression que leurs ailes sont liées par un fil invisible. Après leur apparition au printemps, ils semblent plonger dans une sieste estivale pour mieux réapparaître à l'automne.

Les citrons résistent aux longues périodes de gel. Avant les grands froids, ils se débarrassent de leur eau par leurs déjections pour faire baisser le point de congélation de leur corps.

Nourriture des chenilles : *feuilles de bourdaine ou de nerprun.*

Lieux d'hivernage : *haies, tas de feuilles, tas de bois.*

La petite tortue
Aglais urticae

Comme beaucoup de nymphalidés, la petite tortue possède un recto très coloré et un verso presque imperceptible dans le paysage. Les ailes dépliées, elle ressemble très fortement à la grande tortue, mais ses petites taches bleues sur le bord des ailes sont plus marquées et forment un beau contraste avec la dominante orangée. Selon la météo, les papillons qui ont hiverné en Europe peuvent apparaître dès la fin février et apporter les premières touches de couleur aux jardins encore ternes. Les années favorables, la petite tortue peut donner naissance à trois générations. Ses larves sont extrêmement dépendantes de la présence d'orties ; sans cette plante souvent mal aimée, nous ne pourrions pas profiter de la beauté de ce magnifique papillon aux couleurs chatoyantes.

Nourriture des chenilles : *orties* (Urtica dioica) *uniquement, ce qui vaut au papillon son nom latin,* Aglais urticae.

Lieux d'hivernage : *greniers, fissures dans les murs, remises, granges ou nids de souris abandonnés.*

Les papillons qui passent l'hiver chez nous recherchent des refuges dans les combles non aménagés, les fissures, les remises de jardin et les granges. Pour entrer, il leur suffit d'une petite fissure dans les murs ou l'habillage en bois d'une maison, ou encore d'une fenêtre entrouverte. À l'automne, les chrysopes et les coccinelles sont elles aussi à la recherche d'abris où passer l'hiver.

Les paons du jour, les petites tortues et les grandes tortues passent l'hiver chez nous

Les papillons peuvent aussi passer l'hiver dans les abris à chrysopes

Ne fermons donc pas systématiquement toutes les lucarnes et les fenêtres de nos combles : les insectes qui hivernent doivent pouvoir retrouver l'air libre à tout moment. Les abris à chrysopes (voir page 60) peuvent aussi servir d'abris à papillons durant la saison froide. Il est également possible de s'en procurer dans le commerce.

Le paon du jour
Inachis io

Avec ses quatre ocelles caractéristiques, le paon du jour fait partie des plus célèbres et plus beaux nymphalidés d'Europe. Ses ocelles, visibles lorsqu'il ouvre les ailes, peuvent effrayer les oiseaux et les faire fuir. Lorsqu'il les ferme, il est presque invisible car son verso ressemble à s'y méprendre à une feuille morte.

Ce superbe papillon de jour est facilement attiré par les jardins fleuris. Les paons du jour aiment les espèces communes à fleurs simples et montrent une attirance particulière pour le buddleia, ou arbre à papillons, sur lequel il est possible d'en observer un grand nombre. Les chenilles, sombres, vivent en communauté sur les orties. En laissant quelques orties dans un coin du jardin, vous pourrez observer le cycle de vie complet du papillon, de l'œuf à sa sortie de la chrysalide.

Nourriture des chenilles : *orties, plus rarement houblon sauvage.*

Lieux d'hivernage : *troncs creux, cabanes de jardin, fissures dans les murs, granges ou greniers.*

La grande tortue
Nymphalis polychloros

La grande tortue, également connue sous les noms de « grand renard », « doré » ou « vanesse de l'orme », présente une couleur orangée parsemée de points noirs ; ses ailes postérieures sont ponctuées de lunules bleu foncé. Par le passé, la grande tortue était si présente dans les jardins et les vergers qu'elle était considérée comme un nuisible. L'appétit de ses larves pour les feuilles de pommier, de poirier et de cerisier a signé son arrêt de mort : menacée par les pesticides, l'espèce est aujourd'hui protégée en Île-de-France et éteinte en Grande-Bretagne. La grande tortue montre ses ailes à partir de mars, puis à la fin de l'été, avant de disparaître pour l'hiver.

Nourriture des chenilles : *feuilles de saule, d'orme, de peuplier, de cerisier, de poirier ou de pommier.*

Lieux d'hivernage : *fentes dans le bois, remises, étables, granges ou cabanes de jardin.*

L'abri à coccinelles

De tous les coléoptères, aucun n'est aussi populaire que la coccinelle. Ce joli insecte aux points caractéristiques symbolise la chance. Dès le Moyen Âge, les agriculteurs reconnaissaient son utilité et la nommaient « bête à bon Dieu ». La plupart des coccinelles sont rouges, orange ou jaunes, avec des points noirs : ces couleurs vives servent à repousser les prédateurs, mais certains oiseaux ou insectes affamés ne se laissent pas impressionner. En cas de menace, les coccinelles produisent une sécrétion jaune au goût désagréable ou se laissent tomber au sol afin de passer pour mortes.

De tous les coléoptères, aucun n'est plus populaire que la coccinelle

Abri à coccinelles

Matériel

- Face arrière : 1 planche de 14 × 8 × 1 cm
- Face avant : 1 planche de 12 × 8 × 1 cm
- Faces latérales : 2 planches de 14 × 10 × 1 cm, dont le haut sera coupé en biseau pour que l'un des côtés mesure 12 cm (voir illustration)
- Toit : 1 planche de 14 × 14 × 1 cm
- Face inférieure : 1 planche de 8 × 8 × 1 cm
- Tasseau pour la fixation : 80 × 2 × 1,5 cm
- Feuille bitumineuse : 16 × 16 cm environ
- Clous ou vis pour assembler les planches
- Clous pour fixer la feuille bitumineuse
- Laine de bois pour le remplissage

Bois
Utilisez du sapin, de l'épicéa ou du pin non traité.

Instructions
L'abri à coccinelles a la forme d'un nichoir à oiseaux ; il faut donc scier les planches comme pour construire un nid.

- Dans la paroi inférieure, ménagez des trous d'accès d'environ 8 mm de diamètre.
- Clouez le tasseau à l'arrière. Il servira à planter la boîte dans le sol.
- Remplissez l'abri de laine de bois.

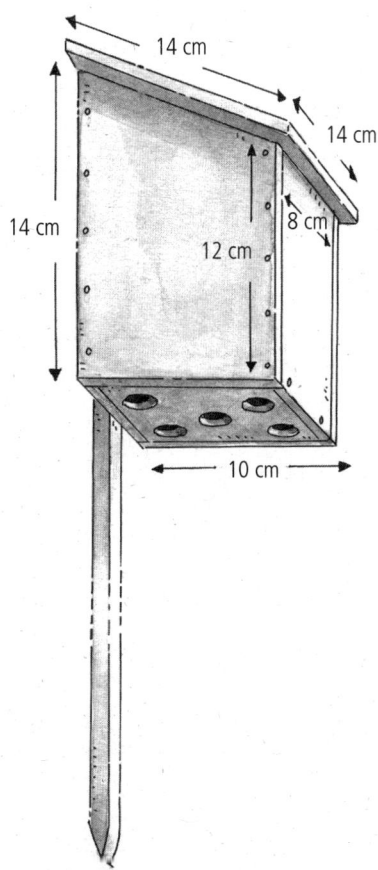

14 cm

14 cm

14 cm

12 cm

8 cm

10 cm

Installation et entretien

Plantez l'abri entre des plantes particulièrement infestées de pucerons. Il doit être orienté vers le sud-est et installé dans un endroit ensoleillé ou semi-ombragé. Il peut rester dehors toute l'année et vous n'avez pas besoin de l'entretenir. Souvent, les abris à coccinelles sont également utilisés par les papillons et les perce-oreilles.

Les coléoptères pollinisent eux aussi les fleurs

Sur la planète, près de trois cent cinquante mille espèces de coléoptères sont recensées, et ce chiffre augmente chaque jour.

Les coléoptères ont toujours provoqué des réactions extrêmes : selon le lieu et l'époque, ils ont été craints, massacrés ou vénérés. Certains sont considérés comme nuisibles pour l'agriculture et la sylviculture, comme le doryphore ou le hanneton, mais d'autres peuvent se montrer très utiles en éliminant les excréments des autres animaux ou les petites charognes, en se nourrissant d'insectes nuisibles ou en pollinisant les fleurs.

En un an, la coccinelle dévore plusieurs milliers de pucerons

Les coccinelles vivent environ un an et hivernent sous forme d'*imago*. Comme les larves, les *imagos* se nourrissent de pucerons. Dès que la météo est clémente, les femelles pondent des œufs allongés près d'une colonie de pucerons afin que les larves trouvent une source de nourriture dès leur naissance. Des études scientifiques ont prouvé que chaque larve peut ingérer six cents pucerons jusqu'à sa nymphose, et l'*imago* plusieurs milliers d'individus.

Il est très facile de fabriquer seul un abri à coccinelles, à l'aide de quelques matériaux et outils (voir page 66).

Les nichoirs à bourdons

Les bourdons sont d'infatigables pollinisateurs

Les bourdons (genre *Bombus*) sont les abeilles les plus connues après l'abeille à miel. Ils ont la réputation – justifiée – d'être utiles et pacifiques. Ces jolis insectes comptent parmi les pollinisateurs les plus zélés et butinent un grand nombre de plantes grâce à leur langue très longue.

Dans un hôtel à insectes conçu pour les abeilles solitaires et les bourdons, ne placez pas les abris destinés aux bourdons entre ceux pour les abeilles, mais plus bas. Cela vous permettra de vous assurer qu'ils ne sont pas infestés par la fausse teigne de la cire et de les nettoyer. Pour satisfaire à la fois les abeilles solitaires, qui aiment le soleil, et les bourdons, plus à l'aise dans le froid, mieux vaut installer les abris en direction du sud-est.

Certaines espèces de bourdons mordent dans les nectaires pour atteindre le nectar

Les bourdons à la langue particulièrement développée (sa longueur peut atteindre 80 % de celle du corps) peuvent accéder aux sources de nourriture que ne peuvent atteindre les abeilles à miel. Certaines espèces possèdent une langue trop courte pour accéder aux nectaires ; elles perforent alors les corolles sur le côté, mais ce faisant, elles ne pollinisent pas la plante. Les abeilles à miel profitent aussi de ce système. Possédant une langue plus courte et un appareil buccal peu résistant qui ne leur permet pas de mordre la base de la fleur, elles peuvent se servir dans la source de nourriture que leur offrent les bourdons.

Les légumineuses sont principalement pollinisées par les bourdons

Pour le jardinage et l'agriculture, la pollinisation par les bourdons est tout aussi indispensable que celle effectuée par les abeilles. Certaines plantes qui nous sont précieuses, comme le haricot, la moutarde, le colza ou le pois, sont pollinisées en grande majorité par les bourdons. La pollinisation de la luzerne dépend à 80 % des bourdons, à 20 % des abeilles sauvages et à 1 % seulement des abeilles à miel. Dans le cas du trèfle violet, les bourdons sont responsables de 70 à 100 % de la pollinisation.

Des sources de nourriture importantes disparaissent en raison du recours aux herbicides

Les bourdons aiment s'installer dans les trous de souris abandonnés

Notre agriculture moderne, avec ses monocultures et ses nouvelles espèces végétales à haut rendement, met en danger la survie du bourdon. Les herbicides et insecticides n'exterminent pas seulement les mauvaises herbes et les nuisibles, mais également les animaux auxiliaires et les plantes sauvages qui sont sources de nourriture pour les bourdons. Le recours intensif aux produits chimiques représente également un danger inattendu : les bourdons, qui logent dans les trous de souris abandonnés, voient leurs habitats détruits par la lutte contre les rongeurs.

Le bourdon des champs
Bombus pascuorum floralis

Le bourdon des champs, ou bourdon roux, n'est pas difficile quant à son lieu de vie. On le trouve dans les endroits secs ou humides : forêts, prés, fossés, talus, bordures de chemins, parcs, jardins, villages et villes. Il est tout aussi accommodant en ce qui concerne ses abris : il niche sous terre aussi bien qu'à l'extérieur (nids de souris, d'oiseaux, taupinières, greniers, remises et granges). Il fabrique son nid à partir de matériaux trouvés qu'il mordille et entrelace.

Les ouvrières de cette espèce sont brun-jaune ou rouges et ne mesurent que douze à quinze millimètres. À la fin de l'été, le nid peut compter de soixante à cent cinquante individus.

Plantes pollinisées : *saule, lamier, chardon, ronce, groseillier à fleurs, centaurée, vicias, trèfle violet, trèfle blanc, sauge des prés, thym, etc.*

Nichoirs : *les bourdons des champs s'installent sans problème dans les nichoirs à bourdons extérieurs ou souterrains. Les granges, les remises, les cabanes de jardin ou les greniers qui disposent d'un accès à l'extérieur et offrent au bourdon de quoi fabriquer son nid (paille, foin, laine de bois, tissus, mousse, etc.) l'attirent également.*

Bien protégés du froid par leur pilosité, les bourdons sont présents jusqu'au nord du cercle polaire arctique, là où l'on ne trouve plus d'abeilles à miel, qui aiment le soleil. En France, on en recense près de soixante-dix espèces et sous-espèces, dont certaines sont menacées d'extinction.

Sa pilosité protège le bourdon du froid jusqu'au cercle polaire

Le bourdon des pierres
Bombus lapidarius

Le bourdon des pierres est un très beau bourdon presque noir, à l'exception des derniers segments de son abdomen qui sont d'un rouge lumineux.

Après le calme de l'hiver, les reines recherchent l'endroit idéal pour installer un nid dans les nichoirs à oiseaux, les trous de souris vides ou les renfoncements de murs et de rochers. Elles établissent leurs nids sur les terrains à découvert, le long des chemins, dans les clairières, les prairies, mais aussi les jardins, les haies, les buissons et les murs de pierres sèches.

La reine collecte de la mousse, des poils d'animaux ou des fibres végétales, forme un nid provisoire et construit un premier réceptacle de cire en forme d'urne, dans lequel elle pond dix à seize œufs et stocke du pollen. Elle couvre le tout d'une couche de cire laissant passer l'air et commence alors à couver sa ponte comme une poule : elle s'installe près d'elle nuit et jour, et la réchauffe avec la moitié inférieure de son abdomen. À la différence d'autres insectes, les bourdons peuvent réguler leur température corporelle selon la température extérieure, en faisant vibrer les muscles qui leur servent à voler. Leur musculature, indépendante des ailes, fonctionne alors comme un chauffage d'appoint et leur permet de garder une température constante de 36 °C, même par temps froid.

Après quatre semaines, cette première génération d'ouvrières a grandi et s'occupe de faire prospérer le nid. Elle construit des cellules de cire pour les œufs et le stockage de la nourriture, va chercher le pollen et le nectar, et s'occupe des larves, alors que la reine se démet de ces tâches et se concentre de plus en plus sur la ponte d'œufs.

Les étés favorables, les nids peuvent compter jusqu'à trois cents individus. Chez toutes les espèces de bourdons, la couvée meurt à la fin de l'automne. Seules les femelles fécondées l'été passent l'hiver dans des cachettes, pour fonder leur propre colonie une fois le printemps venu.

Plantes pollinisées : *trèfle violet, trèfle blanc, chardon, fève, sauge des prés, campanule, centaurée, lamier, etc.*

Nichoirs : *nichoirs à bourdons remplis de mousse ou de laine de bois, mais aussi murs de pierres sèches, greniers, granges, remises ou cabanes abandonnées.*

Les bourdons vivent en colonies : une femelle fécondée, ayant survécu à l'hiver, forme dans un endroit protégé un nid à partir de plantes et de cire, où ne se développent tout d'abord que des ouvrières stériles, puis des individus féconds.

Alors que chez les abeilles à miel, les ouvrières se livrent à une danse pour indiquer à leur essaim les sources de nectar et s'y rendre en groupe, ce n'est pas le cas chez les bourdons. Toutes les ouvrières doivent trouver elles-mêmes leurs sources de pollen, mais elles transportent en un été une quantité de pollen bien plus importante que ne le fait une abeille.

Un bourdon rapporte plus de pollen par voyage qu'une abeille à miel

Les bourdons à langue longue déposent le pollen dans des cellules scellées par une couche de cire près des larves. Ce pollen est ensuite utilisé par les nourrices pour alimenter les larves. La cellule est refermée après chaque repas.

Les bourdons se nourrissent de pollen et de nectar

La plupart des bourdons à langue courte stockent le pollen dans d'anciens cocons larvaires ouverts sur le dessus et situés à proximité des cellules. Les larves peuvent alors s'y nourrir seules.

La majorité des espèces de bourdons s'accommodent de nichoirs souterrains ou extérieurs.

Nichoirs souterrains

Alors que le bourdon terrestre *(Bombus terrestris)* niche la plupart du temps dans des abris souterrains, le bourdon des saussaies *(Bombus lucorum)*, également connu sous le nom de « petit bourdon terrestre » ne supporte rien d'autre. Il est possible de leur proposer un nichoir souterrain avec un simple pot de fleurs ou en leur fabriquant une boîte en bois (voir page 78).

Pot de fleurs

Pour fabriquer un nichoir souterrain, la solution la plus simple est d'utiliser un grand pot de fleurs.

Élargissez le trou d'évacuation à environ deux centimètres de diamètre pour permettre aux bourdons d'entrer dans leur nouvel abri.

Remplissez à moitié le pot de mousse végétale sèche, de foin pour animaux de compagnie ou de matériaux de nidification à l'odeur de souris. Cette odeur attire les bourdons et leur permet de mieux accepter ce nouveau nid. Vous pourrez trouver ces matériaux dans certaines animaleries.

Les matériaux de nidification à l'odeur de souris attirent les bourdons

Enterrez le pot dans un endroit du jardin où personne ne marche et qui ne sera pas rapidement recouvert de végétation. Pour le protéger des rongeurs, placez dessous une grande pierre plate ou plusieurs tuiles.

Il est nécessaire de protéger les abris souterrains par le dessus et par le dessous

Faites de même au-dessus du pot, avec une autre pierre plate ou une tuile faîtière, pour protéger le nichoir de la pluie et du vent. Assurez-vous toutefois que les bourdons parviennent encore à y entrer (voir l'illustration).

Il est important de placer le pot de sorte que l'eau qui parvient à y entrer soit naturellement drainée ; sans cela, vos bourdons pourraient se noyer.

Une grande pierre plate protège
le nichoir des inondations.

Ne placez donc pas le nichoir au bas d'une cuvette,
mais plutôt en haut d'un talus, pour que l'eau puisse
s'écouler rapidement.

Pour éviter que l'eau ne stagne, mieux vaut installer un petit système de drainage sous le nichoir. Pour
ce faire, creusez trente centimètres supplémentaires
et remplissez l'excavation de cailloux ou de gravier.
Renouvelez le contenu du nichoir l'hiver, avant la
fin du mois de février.

Une tuile peut également protéger les bourdons de la noyade.

Nichoirs du commerce

Il est possible d'acheter dans le commerce des nichoirs en béton de bois hydrofuge, qu'il suffit d'installer ou d'enterrer dans votre jardin. Ils sont souvent équipés de matériaux de nidation, que l'on pourra commander au fournisseur pour l'hiver suivant.

Nichoirs extérieurs

Le bourdon des arbres *(Bombus hypnorum)* ne niche qu'en extérieur, tout comme le bourdon des prés *(Bombus pratorum)*. En installant un nichoir à l'air libre, vous pourrez observer ces espèces, ainsi que le bourdon des pierres *(Bombus lapidarius)*, le bourdon des champs *(Bombus pascuorum floralis)* et le bourdon des jardins *(Bombus hortorum)*. Les nichoirs extérieurs protègent mieux les nids de la pluie et des inondations que les nichoirs souterrains.

Le bourdon terrestre
Bombus terrestris

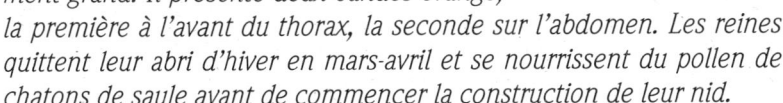

Avec une taille de vingt-quatre à vingt-huit millimètres, le bourdon terrestre est relative- ment grand. Il présente deux bandes orange, la première à l'avant du thorax, la seconde sur l'abdomen. Les reines quittent leur abri d'hiver en mars-avril et se nourrissent du pollen de chatons de saule avant de commencer la construction de leur nid.

Le bourdon terrestre est présent aussi bien dans les plaines que dans les régions vallonnées ou les montagnes. On le trouve dans les clairières, les prairies, les talus ou sur les bords des chemins. On le rencontre même dans les jardins et les parcs, où il niche dans les haies et les buissons.

La reine installe souvent sa colonie, qui peut atteindre six cents indi- vidus à la fin de l'été, dans un ancien nid de souris, une balle de paille ou un tas de foin. Elle tente de la protéger en feignant de rechercher un nouveau lieu de nichage. Si, au petit matin, vous observez l'entrée du nid, vous verrez parfois un individu battre des ailes et produire un bourdonnement caractéristique. Dans certaines régions, on dit que ce bourdon a pour fonction de réveiller toute la colonie ; en vérité, il joue le rôle de ventilateur afin de renouveler l'air de la nuit.

Plantes pollinisées : *toutes les espèces de saules, trèfle blanc, trèfle violet, digitale, cytise* (Laburnum), *lamier, etc.*

Nichoirs : *nichoirs à bourdons, tas de paille ou de foin abrité.*

Nichoir à bourdons souterrain

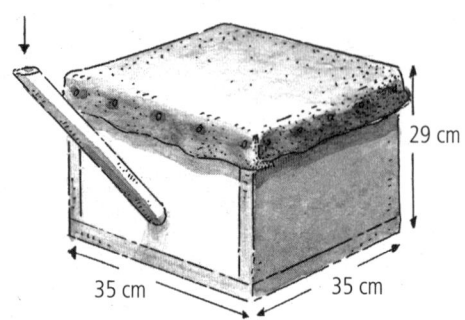

Diamètre interne : environ 3 cm

29 cm

35 cm   35 cm

Matériel
- Face supérieure : 1 planche de 35 × 35 × 2 cm
- Face inférieure : 1 planche de 35 × 35 × 2 cm
- Faces latérales : 2 planches de 35 × 25 × 2 cm et 2 planches de 31 × 25 × 2 cm
- Feuille bitumineuse : 43 × 43 cm
- Clous pour fixer la feuille bitumineuse
- Clous ou vis pour assembler les pièces de bois
- Tube d'entrée : tube en argile, en bois, en feuille bitumineuse enroulée ou en tout autre matériau solide. Longueur : 50 à 70 cm ; diamètre interne : environ 3 cm
- Remplissage : laine de bois, mousse, ancien nid de souris

Bois
Utilisez des planches d'épicéa, de pin ou de mélèze non traité. Cette boîte de 35 × 35 × 29 cm est équipée d'un couvercle.

Instructions
- Ménagez un trou dans l'une des parois latérales ou dans la paroi supérieure pour y introduire le tube d'entrée.
- Clouez ou vissez les parois latérales sur la paroi inférieure.

- Couvrez la paroi supérieure d'un morceau de feuille bitumineuse que vous laisserez dépasser de 3 à 4 cm sur chacun des côtés, que vous plierez à l'aide d'un décapeur thermique ou d'une lampe à souder le long du rebord de la boîte et que vous clouerez sur la paroi supérieure avec des clous adaptés. Chauffez, pliez et clouez également les angles, afin que la paroi supérieure ressemble au couvercle d'un carton à chaussures. De cette manière, vous pourrez ouvrir le nichoir pour le nettoyer à la fin de l'hiver.
- Vous pouvez fabriquer le tube d'entrée avec un morceau de feuille bitumineuse ou utiliser un tube d'argile ou de bois de taille suffisante.

Installation et entretien

Remplissez le nichoir d'un matériau adapté (mousse, laine de bois, nid de souris) et enterrez-le dans un endroit sec, en haut d'un talus sur lequel personne ne marchera. Couvrez-le d'une couche de 10 à 15 cm de terre.

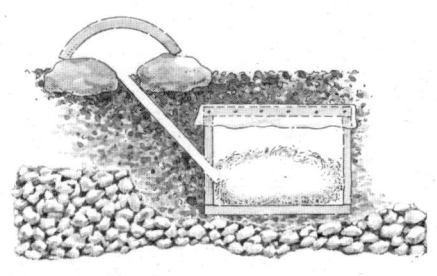

Placez quelques pierres autour du trou d'entrée, afin qu'il ne soit pas recouvert par la végétation.

Comme dans le cas du pot de fleurs, protégez l'entrée du vent et de la pluie à l'aide d'une pierre plate ou d'une tuile (voir page 75). Attention : là encore, il faut veiller à choisir un emplacement où l'eau ne pourra pas pénétrer dans la boîte, afin de ne pas noyer la colonie. Installez la boîte début mars au plus tard, pour qu'une reine puisse s'y installer. Une fois par an, nettoyez-la bien avec des produits non agressifs et remplacez-en le remplissage.

Le psithyre vestale
Psithyrus vestalis

Le psithyre vestale est un bourdon-coucou parasite du bourdon terrestre. Au premier regard, il est impossible de distinguer les deux espèces. En Europe, on compte neuf espèces de bourdons-coucous, toutes très semblables à leurs hôtes. Elles ont un point commun : comme l'oiseau du même nom, elles pondent dans le nid des bourdons qu'elles parasitent et les laissent élever leur progéniture.

Pour ne pas se faire remarquer, le bourdon-coucou est très similaire à son hôte par sa livrée et sa morphologie. Pourtant, en observant l'animal de très près, on peut constater que les pattes postérieures des femelles sont dépourvues des corbicules servant à ramasser le pollen. De plus, les psithyres possèdent une pilosité moins développée que les Bombus, notamment au bas de l'abdomen, et un exosquelette plus résistant, pour les affrontements avec leurs hôtes.

La ponte des œufs dans un nid étranger est une entreprise risquée. Pour cette raison, le bourdon-coucou effectue plusieurs vols de reconnaissance avant de trouver le lieu de ponte idéal. Généralement, il s'introduit dans la colonie juste après la naissance des premières ouvrières. Il se cache dans le nid pendant quelque temps et s'affaire autour des rayons jusqu'à prendre son odeur.

Comme il n'est pas capable de produire de la cire, il détruit quelques cocons, forme des cellules et y pond ses œufs. S'il est repéré et attaqué, il pourra se défendre grâce à la couche de chitine qui couvre son corps. De plus, il possède un dard puissant et dirigé vers le haut : il est donc rare qu'il perde le combat contre ses hôtes.

Le bourdon-coucou ne donne pas naissance à des ouvrières, mais uniquement à des mâles et des femelles chargés de perpétuer l'espèce. Seules les femelles fécondées survivent à l'hiver : les mâles, eux, périssent en automne.

Plantes pollinisées : *centaurée, chardon, aubépine, etc.*

La pyrale du bourdon

Le principal ennemi d'une colonie de bourdons est la pyrale du bourdon *(Aphomia sociella)*, un petit papillon de nuit. Au crépuscule, guidées par leur odorat, les femelles entrent dans le nid et pondent leurs œufs près des cellules. Les larves dévorent les cellules de cire et tissent un long enchevêtrement de fils derrière lesquels elles peuvent se cacher en cas de danger. À un stade plus avancé de la métamorphose, elles avancent dans le nid jusqu'à ce qu'il soit entièrement recouvert du fil de soie servant à former les cocons et que la colonie de bourdons soit anéantie.

Les larves de pyrales peuvent anéantir toute une colonie de bourdons

La pyrale du bourdon fait partie de la famille des pyralidés, tout comme la fausse teigne de la cire *(Galleria mellonella)* et la petite teigne *(Achroia grisella)*, qui s'attaquent souvent aux colonies d'abeilles et de bourdons.

La pyrale du bourdon produit plusieurs générations par an.
Elle tente d'infester le nid au coucher du soleil.

Lorsqu'il entre dans une colonie, ce petit papillon actif à la tombée du jour risque de se faire dévorer par les insectivores nocturnes tels que les hérissons ou les musaraignes. Dans un jardin naturel, dans lequel cet animal participe à l'équilibre entre nuisibles et auxiliaires, il n'y a donc pas de véritables risques d'être envahi par les pyrales.

Un abri bien hermétique protège le nid des pyrales

Pour éviter que les pyrales n'entrent dans les nids de bourdons, il faut veiller dès la construction à fixer soigneusement les planches les unes aux autres et boucher toutes les fissures avec de la colle ou de la pâte à bois. Si vous ménagez des trous pour l'aération du nichoir, couvrez-les avec de la gaze.

Les odeurs de lavande ou de sauge, si elles attirent beaucoup d'espèces, ont une action répulsive sur la pyrale du bourdon. Pour mettre à profit cette qualité, vous pouvez mélanger avec le matériel de nidation de la lavande finement coupée, ou en disposer près de l'entrée du nichoir. Les plants de lavande et de sauge placés près du nid peuvent naturellement repousser ces papillons, tout en nourrissant vos bourdons.

Un clapet peut empêcher les pyrales d'entrer dans le nid

Un sas à l'entrée du nichoir rend plus difficile l'accès au nid et peut donc protéger votre colonie des pyrales. Un clapet (sorte de porte battante à l'entrée) peut offrir le même résultat.

Le bourdon des arbres
Bombus hypnorum

Comme le bourdon des champs, le bourdon des arbres est une espèce très commune et présente dans de nombreux types d'environnement : forêts, parcs, jardins, prés ou champs.
 Les ouvrières mesurent de huit à dix-huit millimètres et présentent souvent une livrée proche de celle des abeilles à miel. Il existe toutefois une grande variété de couleurs et l'on peut parfois observer des individus presque noirs.
 Les bourdons des arbres nichent dans toutes les cavités qu'ils trouvent : fissures de murs, nichoirs à oiseaux, avant-toits, arbres creux, ou même dans les étables ou les granges. Ils fabriquent leur nid à partir de matériaux divers, comme des poils d'animaux ou des fibres végétales, à l'aide de leurs mandibules et de leurs tarses. Le nid peut compter au cours de l'été jusqu'à quatre cents individus.

Plantes pollinisées : *rosacées, saule, tilleul, framboisier, groseillier, lamier, chèvrefeuille, vesce et un grand nombre d'autres espèces.*

Nichoirs : *nichoirs extérieurs, granges, étables, remises, combles et cabanes de jardin disposant d'une entrée et de matériaux pour le nid (paille, foin, laine de bois, mousse, etc.).*

Nichoir à bourdons extérieur simple

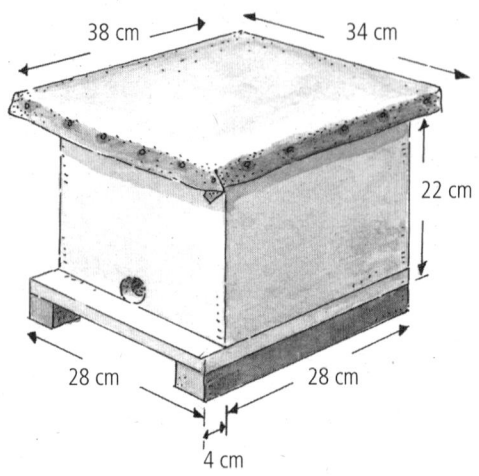

Matériel
- Face supérieure : 1 planche de 38 × 34 × 2 cm
- Face inférieure : 1 planche de 32 × 28 × 2 cm
- Faces latérales : 2 planches de 28 × 20 × 2 cm et 2 planches de 24 × 20 × 2 cm
- Tasseaux pour la stabilisation du couvercle : 2 petits tasseaux de 24 cm de long
- Feuille bitumineuse : 42 × 38 cm environ
- Clous ou vis pour assembler les pièces de bois
- Clous pour fixer la feuille bitumineuse
- Remplissage : foin pour animaux domestiques, laine de bois, mousse, ancien nid de souris

Bois
Utilisez des planches de sapin, de pin ou de mélèze non traité. Cette boîte de 32 × 28 × 24 cm est totalement fermée et équipée d'un couvercle.

Instructions

- Pour nettoyer le nid, vous devez pouvoir en retirer le toit, mais celui-ci doit également rester en place sans glisser tout au long de l'année. Pour cela, clouez à l'intérieur du couvercle deux petits tasseaux de bois. Le couvercle sera couvert d'une feuille bitumineuse repliée sur les côtés et clouée.
- Clouez ou vissez les parois latérales sur la paroi inférieure.
- Dans l'une des parois latérales, ménagez un trou de 2 cm de diamètre au maximum. Certaines espèces de bourdons préfèrent une entrée de 1,5 cm de diamètre environ.

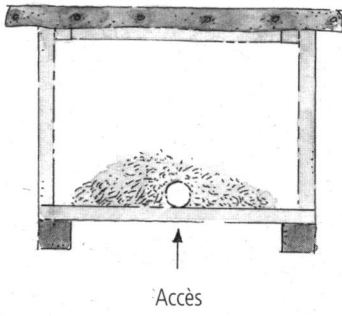

Accès

Installation et entretien

Placez tout d'abord du foin pour animaux domestiques ou de la laine de bois au fond de la boîte. Installez par-dessus les matériaux de nidation : mousse végétale, fibres de rembourrage pour coussins ou ancien nid de souris. Si vous possédez des matériaux à l'odeur de souris, placez-les devant le trou d'accès afin d'attirer les bourdons.

Ce nid très simple s'installe dans un endroit ensoleillé, protégé des intempéries et près du sol. Il peut être disposé sur une terrasse ou un balcon. Avant la fin du mois de février, nettoyez bien la boîte avec des produits non agressifs et remplacez-en le remplissage.

Nichoir à bourdons extérieur avec sas

Matériel pour la boîte
- Face supérieure : 1 planche de 52 × 57 × 2 cm
- Face inférieure : 1 planche de 42 × 42 × 2 cm
- Face arrière : 1 planche de 42 × 42 × 2 cm
- Face avant : 1 planche de 42 × 37 × 2 cm
- Faces latérales : 2 planches de 40 × 42 × 2 cm, dont le haut sera coupé en biseau pour que l'un des côtés mesure 35 cm (voir l'illustration)

Les arêtes supérieures des faces arrière et avant devront être chanfreinées pour s'adapter à l'angle formé par la toiture.

Matériel pour le sas
- Face supérieure : 1 planche de 8 ×15 × 1 cm
- Face inférieure : 1 planche de 8 × 15 × 1 cm
- Face avant : 1 planche de 8 × 6 × 1 cm
- Faces latérales : 2 planches de 6 × 7 × 1 cm

Découpez une ouverture de 2 × 2 cm dans l'une des faces latérales.

Divers
- Tasseaux pour la stabilisation du couvercle : 2 petits tasseaux de 42 cm de long
- Feuille bitumineuse : 57 × 62 cm
- Tube de feuille bitumineuse : diamètre interne de 2 à 2,5 cm
- Clous pour fixer la feuille bitumineuse
- Clous ou vis pour assembler les pièces de bois
- Si vous le souhaitez : 1 charnière, 1 fermeture à crochet
- Remplissage : foin pour animaux domestiques, laine de bois, fibres de rembourrage pour coussins, mousse végétale, ancien nid de souris

Bois
Utilisez des planches de sapin, de pin ou de mélèze non traité.

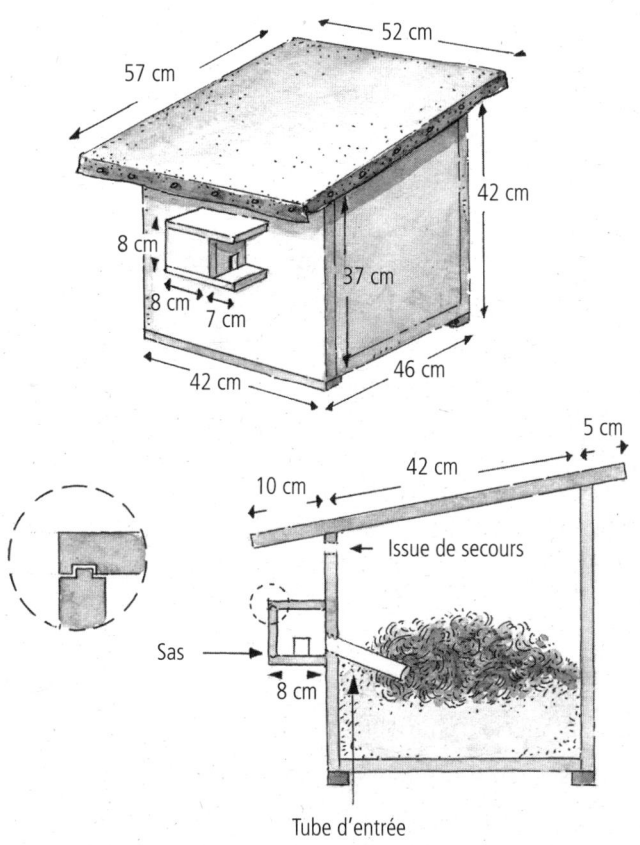

52 cm

57 cm

42 cm

8 cm

37 cm

8 cm
7 cm

42 cm

46 cm

5 cm

42 cm

10 cm

Issue de secours

Sas

8 cm

Tube d'entrée

Le **sas** empêche que des souris, des coléoptères, des pyrales ou des bourdons-coucous ne pénètrent dans le nid. Chez certaines espèces, les reines remuent tant dans les matériaux de nidation qu'elles peuvent parfois boucher l'accès au nid. Il arrive alors que la reine ne trouve plus la sortie et meure si le nichoir ne possède pas d'**issue de secours**. Cela ne peut se produire que dans les premiers jours de l'installation du nid ; n'oubliez donc pas de fermer cette issue cinq jours au plus tard après la fondation du nid, afin d'éviter que les pyrales, les bourdons-coucous ou d'autres espèces de bourdons ne s'installent.

Instructions

- Clouez ou vissez la base, la face arrière et les faces latérales du nichoir principal.
- Dans la planche avant du nichoir, pratiquez un trou de 2 cm de diamètre.
- Fixez devant ce trou le sas que vous aurez préalablement assemblé (voir l'illustration).
- Pour nettoyer le sas et le tuyau qui mène à l'intérieur de la boîte, il faut pouvoir ouvrir la face avant du sas. Si vous disposez d'outils de précision, vous pouvez concevoir cette dernière comme une petite porte coulissante, selon le principe de l'illustration page 87. Il est toutefois plus simple d'en faire une petite porte ouvrante : clouez la charnière entre le toit et la face avant du sas, et fixez un crochet de fermeture entre la face avant et la base.
- Utilisez pour l'entrée un tube de feuille bituminée et fixez-le devant le trou d'accès, à l'intérieur du nichoir.
- Le toit de l'abri doit pouvoir être retiré, mais aussi rester en place sans glisser tout au long de l'année. Pour cela, clouez à l'intérieur du couvercle deux petits tasseaux de bois.

Installation et entretien

Ce nichoir s'installe dans un endroit ensoleillé, protégé des intempéries et proche du sol. Il peut être disposé sur une terrasse ou un balcon. L'entrée doit être orientée vers l'est.

Avant la fin du mois de février, nettoyez bien la boîte avec des produits non agressifs et remplacez-en le remplissage.

Attirer et retenir les bourdons

Alors que la plupart des abeilles sauvages s'installent spontanément dans les nichoirs, il peut s'écouler un certain temps avant que vous ne voyiez un bourdon emménager.

On peut accélérer l'installation des bourdons de différentes manières : tout d'abord, il est possible d'attraper une reine qui recherche un nid avec un filet à insectes, un verre ou un tube en carton et de

L'installation des bourdons dans un nichoir peut prendre du temps

l'installer dans la boîte. Toutefois, malgré ses bonnes intentions, une personne inexpérimentée peut rater cette manipulation. Il faut se demander si elle est bien nécessaire : en effet, une espèce ne risque pas de s'éteindre si votre nichoir reste vide pendant quelque temps. Lors de cette opération, vous pouvez blesser malencontreusement la reine ou la traumatiser à tel point qu'elle ne pourra plus fonder de colonie.

En mars-avril, des reines robustes peuvent ne pas survivre aux aléas climatiques. On peut les observer, engourdies par le froid, immobiles sur les fleurs ou sur le sol, et en tirer quelques conclusions : un bourdon qui se trouve sur une fleur a certainement déjà fondé un nid et recherche du pollen pour nourrir ses larves. Mieux vaut alors le laisser en paix. Un bourdon sur le sol dont les poils ne sont pas couverts de pollen cherche probablement à se loger. En ce cas, on peut tenter d'attraper l'insecte sur une feuille de papier et de le placer devant l'entrée du nichoir. On peut également mettre à sa disposition un peu d'eau sucrée dans un bouchon et espérer qu'il choisira de s'installer dans l'abri.

Vous pouvez identifier les besoins de l'insecte d'après son comportement

Pour rendre un nichoir attirant, vous pouvez répartir devant l'entrée un peu de mousse végétale ou de foin pour animaux domestiques. Dans un nichoir avec un sas, il est possible d'ouvrir la petite porte pendant la journée et d'y placer des matériaux de nidation, ainsi que sur la planche d'envol. Si vous laissez cette porte ouverte, la reine trouvera plus facilement l'entrée de la boîte, mais ne vous attendez pas à accueillir tout de suite un petit locataire. Si aucune reine ne s'installe, refermez chaque nuit cette porte pour éviter l'infestation par les pyrales et les autres nuisibles nocturnes (voir page 81).

La mousse et le foin pour animaux domestiques attirent les reines

Dès que vous avez l'impression qu'une reine va s'installer dans votre nichoir (elle sort du trou d'accès en marchant, elle effectue des vols en forme de cercle

Le bourdon mémorise l'emplacement du nichoir par un vol en cercle

pour mémoriser l'emplacement du nichoir et de son entrée, disparaît pendant quelque temps de votre champ de vision, puis y revient), vous pouvez l'aider à apprendre à utiliser l'entrée ménagée dans le sas. Le soir, si vous êtes certain que la reine se trouve dans la boîte et qu'elle ne va plus en sortir, fermez la petite porte. Le lendemain matin, elle devra quitter le nichoir par le trou du sas. Dès qu'elle est partie, vous pouvez encore placer un peu de mousse ou de foin devant la porte pour l'aider à retrouver son chemin. Pour cela, prenez le matériau qui se trouve dans le nichoir et qui a pris l'odeur du bourdon. Laissez la petite porte fermée toute la journée pour que la reine apprenne à utiliser l'entrée secondaire. L'issue de secours doit rester ouverte pendant toute cette phase ; ce n'est que quand vous serez sûr que la reine s'est bien installée que vous couvrirez ce trou avec un peu de gaze, cinq jours au plus tard après la fondation du nid.

Les plantes aromatiques sont agréables à l'œil et attireront les bourdons, les abeilles et les papillons sur votre balcon.

Boîte en carton dans un nichoir à bourdons

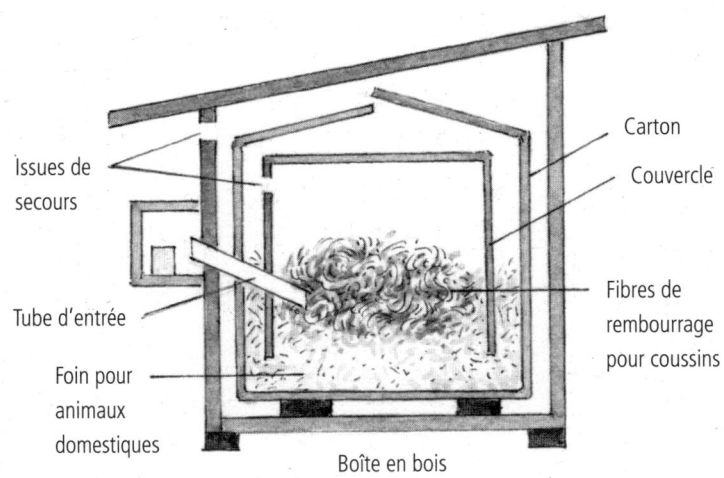

Issues de secours

Carton

Couvercle

Tube d'entrée

Fibres de rembourrage pour coussins

Foin pour animaux domestiques

Boîte en bois

Une boîte en carton installée dans l'abri à bourdons en facilite l'entretien annuel : en hiver, on peut simplement jeter la boîte en carton avec tout son contenu, sans salir l'abri. De plus, cela permet d'obtenir une température plus élevée au sein du nid et de limiter les variations dues à la météo. Pour fabriquer ce type de nichoirs, vous aurez besoin d'un carton fort avec ses rabats, plus petit que l'abri. Vous y installerez un autre carton à l'envers, qui servira à protéger le nid des températures les plus froides pendant les premiers temps.

Instructions

- Ménagez tout d'abord quelques trous d'aération sur les côtés des deux cartons, puis couvrez-les avec de la gaze. Pratiquez ensuite dans le grand carton un trou pour le tube d'entrée. Placez ce carton au milieu du nichoir, sur de petits blocs de bois, et remplissez-le à moitié de foin pour animaux domestiques.

- Sur l'une des faces latérales du petit carton retourné, ménagez un trou au milieu pour le tube d'entrée et un autre tout en haut pour l'issue de secours.

- Formez un petit creux dans le foin et remplissez-le de fibres de rembourrage pour coussins. Placez le petit carton à l'envers au-dessus du matériau de nidation, puis faites passer le tuyau entre les deux cartons et le trou de l'abri en bois.

- Fermez ensuite les rabats du carton avec du ruban adhésif. Au cas où une reine irait se perdre entre les deux cartons, laissez une autre issue de secours en haut du plus grand carton, comme indiqué sur l'illustration. Vous la fermerez ultérieurement. Votre nichoir est maintenant prêt à accueillir ses premiers habitants.

- Si vous constatez que votre colonie de bourdons a besoin de plus de place pour se développer, vous pouvez retirer délicatement le petit carton. Il peut aussi rester toute la saison dans la boîte.

Les refuges à frelons

Le frelon *(Vespa crabro)*, comme la guêpe commune qui aime venir goûter nos tartines de confiture, fait partie des guêpes sociales vivant en colonies (famille des vespidés).

Toutes les guêpes vivant en colonies fabriquent des nids en « carton » produit par le mélange de papier ou de fibres végétales et de leur salive. Certaines espèces comme la guêpe germanique ou la guêpe norvégienne construisent des nids gigantesques. Derrière cette enveloppe protectrice en pâte de papier, plus de cinquante mille guêpes peuvent se cacher à différents stades de leur évolution.

La colonie de frelons, un royaume dans un palais de papier

Comme chez la guêpe commune, le nid de frelons est fondé à la fin du printemps par un *imago* femelle fécondé à l'automne et ayant passé l'hiver dans une cachette. Après l'accouplement, la femelle conserve le sperme de ses partenaires dans un organe dédié et l'utilisera tout au long de sa vie.

Cette femelle sera la reine d'une nouvelle colonie, mais pour la fonder, elle ne peut compter que sur elle-même. Elle commence par rechercher un lieu adapté à la construction d'un nid : arbre creux, cabane en bois, nichoir ou combles. Elle rassemble des fibres de bois mort qu'elle mouille de sa salive, puis forme un petit cône qu'elle colle au plafond du lieu où elle souhaite installer le nid. Elle fabrique alors quatre cellules en forme de croix et y pond quatre œufs. Tant que sa colonie n'a pas vu le jour, elle se consacre à la construction du nid. Elle forme d'autres cellules à base de pâte de bois et commence

Le nid de frelons est un édifice construit savamment avec de la pâte de bois

Les frelons aiment s'installer dans les arbres creux (vu en coupe, le nid est représenté sans son enveloppe extérieure).

à construire une enveloppe extérieure en plusieurs couches destinée à réchauffer et protéger les cellules. Les premières larves utilisent déjà leurs mandibules pour gratter les cellules, produisant ainsi un son qui indique à la reine qu'il est l'heure de les nourrir.

Dès qu'elles éclosent, les larves doivent être nourries de sécrétions de la reine ; elles ont ensuite besoin de viande, principalement de mouches ou bien de chenilles de tordeuse verte du chêne ou de lophyre du pin (des nuisibles pour les exploitations forestières), mais également de guêpes, d'abeilles ou d'araignées. Des recherches ont permis d'estimer qu'une colonie de frelons arrivée à maturité peut compter jusqu'à mille individus et dévorer jusqu'à cinq cents grammes de nourriture carnée par jour.

La colonie se développe d'abord lentement, car la reine doit aller trouver seule la nourriture de sa progéniture, tout en fabriquant de nouvelles cellules et en renforçant l'enveloppe extérieure du nid. Après trois semaines de nourrissage intensif, les larves s'enroulent dans un cocon et s'y cachent pendant trois semaines, jusqu'à ce que la métamorphose soit complète. Ce sont des individus stériles ; leur rôle d'ouvrière est génétiquement défini. Elles s'occupent de poursuivre la construction du nid et le nourrissage des larves, tandis que la reine peut se consacrer totalement à la ponte. Plus la colonie s'agrandit, plus le nid devient imposant et plus nombreuses sont les larves qui peuvent y être élevées.

Quand les larves ont grandi, la reine peut se consacrer à la ponte

Refuge à frelons

(D'après une idée de
M. Waldschmidt et de
H. H. von Hagen)

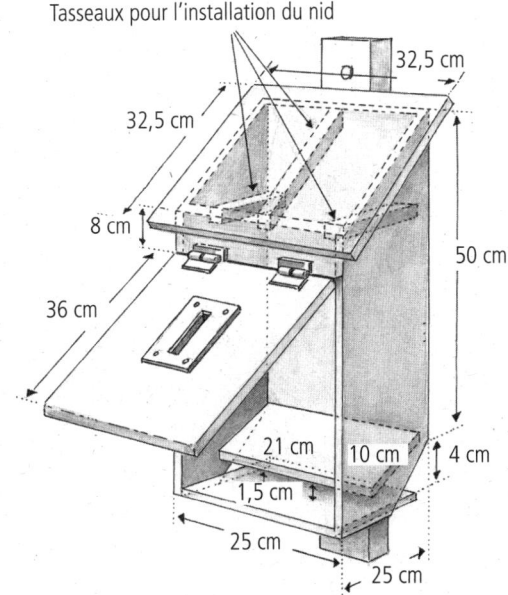

Tasseaux pour l'installation du nid

32,5 cm

32,5 cm

8 cm

50 cm

36 cm

21 cm   10 cm   4 cm

1,5 cm

25 cm

25 cm

Matériel

- Face arrière : 1 planche de 50 × 21 × 2 cm
- Toit : 1 planche de 32,5 × 32,5 × 2 cm
- Faces latérales : 2 planches de 54 × 25 × 2 cm, dont le haut sera coupé en biseau pour que l'un des côtés mesure 35 cm (voir l'illustration)
- Face avant : 1 planche de 25 × 36 × 2 cm et 1 planche de 25 × 8 × 2 cm
- Base : 1 planche de 21 × 22 × 2 cm et 1 planche de 21 × 10 × 2 cm
- Pour l'installation du nid : 3 tasseaux bruts de 1,5 × 25 × 1,5 cm
- Tasseau pour l'accrochage de la boîte : 8 × 80 × 4 cm
- 2 charnières pour la face avant
- 1 crochet de fermeture pour la face avant
- Petite bande de métal pour l'envol des frelons
- Feuille bitumineuse : 39 × 39 cm
- Clous pour fixer la feuille bitumineuse
- Clous ou vis pour assembler les pièces de bois

Bois
Utilisez des planches d'épicéa, de pin ou de mélèze non traité.

Instructions
- Sur la porte, dessinez au crayon, un peu au-dessus du milieu, une fente d'envol verticale de 1,5 cm de large et 12 cm de long. Avec une perceuse équipée d'une mèche à bois, pratiquez quelques trous dans l'espace ainsi délimité ; utilisez ensuite une scie à chantourner ou une scie sauteuse et effectuez les finitions à la râpe à bois.
- Procédez de même avec la bande de métal qui servira à protéger le nid des pics. Pratiquez quelques trous avec une perceuse équipée d'une mèche à métal, puis utilisez une scie à chantourner équipée d'une lame pour métal ; limez enfin les contours.
- Clouez la bande de métal sur la paroi avant et assemblez les autres pièces de bois.
- Les trois petits tasseaux de bois placés sous le toit, contre les parois latérales, facilitent l'accrochage des premières cellules et stabilisent le nid en construction.
- Le fond de la boîte est équipé d'une planche fixée en diagonale sur la paroi arrière et d'une planche installée à angle droit. Entre les deux, un espace de 1,5 cm a été ménagé pour les déchets. Vous pouvez couvrir cette ouverture d'un peu de mousse végétale pour éviter les courants d'air.

Installation et entretien
Installez ce nichoir à 4 m de hauteur environ, si possible sur un feuillu, dans un parc ou un grand jardin. Les frelons peuvent toutefois s'installer jusqu'à 10 m de hauteur (voir également page 97). L'entrée doit être orientée de nord-est à sud-est. N'enlevez le nid qu'au printemps suivant, car il peut encore abriter des reines, des chrysopes, des coccinelles ou des insectes pendant l'hiver.

À l'automne, une colonie peut compter plusieurs milliers d'individus. Dans les cellules, les frelons nouvellement nés sont, eux, fertiles et s'accouplent bientôt pour assurer la perpétuation de l'espèce à l'été suivant. Les ouvrières et les mâles meurent avec les premières gelées ; seules les femelles fécondées passeront l'hiver dans une cachette. Elles abandonneront alors le nid de bois et de salive si patiemment construit, qui se détruira avec le temps.

Choix de l'emplacement du nichoir

Pour éviter que les humains ne dérangent les frelons, le nichoir (voir les instructions pages 95 et 96) doit être installé dans un endroit reculé. En raison de la peur qu'inspire cet insecte de taille imposante, il est recommandé d'installer le nichoir en hauteur, dans un endroit discret et loin de la terrasse de vos voisins ou du square où vont jouer les enfants. Les frelons ont besoin d'un accès facile à leur nid ; les branches et les rameaux les dérangent. Pour éviter les conflits territoriaux, vérifiez qu'il n'y a pas d'autres nids à une centaine de mètres à la ronde.

Il ne faut pas déranger les nids de frelons

Les nichoirs en torchis

Les façades en bois et en argile offrent de bons lieux de nichage aux *Anthophora plumipes* et aux collètes communes

Dans les temps anciens, on construisait des bâtiments qui duraient des siècles avec des matériaux naturels tels que l'argile, la paille et le bois. Des abeilles comme l'*Anthophora plumipes* et les guêpes maçonnes *Delta unguiculata* trouvaient refuge dans leurs façades trouées. Aujourd'hui, on regrette la destruction de ces bâtiments (les matériaux de construction modernes ont finalement eux aussi des défauts !), mais les matériaux ancestraux que sont la terre et la paille ne sont plus utilisés qu'à de rares occasions.

Pour remplacer ces bâtiments anciens, on peut aujourd'hui simplement construire un mur en torchis afin d'accueillir de nombreux insectes.

La collète commune

Colletes daviesanus

À première vue, les collètes communes rappellent, par leurs poils et les bandes claires sur leur abdomen, les abeilles à miel, mais elles possèdent des brosses à pollen à l'extérieur des tibias. Avec les Hylaeus, *elles font partie des espèces de guêpes et d'abeilles les plus primitives (voir page 44). Elles ont également pour particularité d'utiliser une sécrétion de lactones pour fabriquer leurs cellules. Cette membrane brillante et hydrofuge sert à constituer un petit sac à l'intérieur de chaque cellule, que la collète lisse avec sa langue avant qu'il ne se solidifie. Cela lui vaut le nom d'« abeille à membrane ». La famille des collétidés compte en Europe environ cent espèces.*

La collète commune est une abeille sociale qui aime la chaleur et qui cache son nid composé de brindilles sous la surface des murs en torchis ou en grès, qui se réchauffent au soleil. Pour cette raison, elle a hérité d'une mauvaise réputation chez ceux qui habitaient ce type de

bâtiments autrefois communs, dans lesquels elle creusait son abri avec ses mandibules. Aujourd'hui, il est très rare de pouvoir observer des collètes nicher dans des façades, car elles n'apprécient pas nos nouveaux matériaux de construction. On peut pourtant attirer ces abeilles très intéressantes avec un nichoir adapté et des plantes ; elles reviendront probablement souvent. Une fois les cellules formées, elles les réutiliseront d'année en année pour élever leurs larves.

Plantes pollinisées : Pour nourrir ses larves, la collète commune a besoin du pollen d'astéracées comme les tanaisies ou les achillées. D'autres espèces de la même famille sont attirées par les vipérines, le thym ou les bruyères du genre Erica.

Nichoirs : murs de paille, en torchis, de briques de terre ou de pierres sèches.

L'odynère
Odynerus spinipes

Avec ses bandes jaunes sur l'abdomen, l'odynère, guêpe maçonne, rappelle des vespidés que nous connaissons mieux, comme la guêpe commune ou la guêpe germanique. D'une taille comprise entre dix et douze millimètres, elle est pourtant nettement plus petite que ces dernières et s'en distingue également par son comportement : contrairement à ces espèces sociales, l'odynère vit en ermite.

On compte près de quatre-vingts espèces de guêpes maçonnes en Europe, que même les entomologistes ont du mal à différencier ; pour cette raison, elles ont fait par le passé l'objet de nombreuses classifications.

L'*Odynerus spinipes* possède une manière très particulière de construire son nid, qui permet de l'identifier facilement. Dans un mur ensoleillé de lœss ou d'argile, l'odynère creuse une fine galerie vers le bas. Pour ce faire, elle doit ramollir l'argile : elle trouve un point d'eau, s'en remplit le jabot et recrache le contenu sur l'argile afin de pouvoir

la façonner avec ses mandibules. Elle forme
ensuite une petite boule qu'elle colle autour
de l'entrée du nid. Tout au long de la construction, on peut donc voir apparaître un
tube d'entrée pendant semblable à une petite
cheminée.

Cet ouvrage très délicat, dont les scientifiques
n'ont pas encore découvert l'usage, peut disparaître
au premier orage. Au bout de ce petit tube se trouve le
nid où grandit la larve, qui se développe à partir d'un œuf accroché au
plafond par un pédoncule.

Si la capacité de l'odynère à absorber et transporter de grandes quantités d'eau peut étonner, il est encore plus impressionnant d'observer la
manière dont ce minuscule insecte est capable de porter des morceaux
de nourriture carnée pour ses larves. Elle les transporte par les airs,
menaçant à tout moment de s'écraser à cause de leur poids, pour ensuite
les faire entrer avec peine dans son petit édifice.

Dès qu'il a déposé l'immense proie près de la larve, l'odynère s'envole
à la recherche d'une nouvelle source de nourriture, mais un autre insecte
peut venir réduire à néant ce travail de titan : la guêpe dorée, également
connue sous le nom de « guêpe-coucou » (Chrysididae), si brillante qu'on
la dirait couverte de pierres précieuses, mais paresseuse. Elle tourne
souvent autour des nids d'abeilles maçonnes. Dès que l'odynère quitte
sa progéniture, la guêpe-coucou se faufile dans le nid et fait le tour du
propriétaire. Si elle est surprise, elle se roule en boule, invulnérable derrière sa couche de chitine, avant de se faire jeter hors du nid sans autre
forme de procès. Mais elle n'est pas blessée et retentera sa chance. Si
elle trouve une galerie occupée, elle accroche un œuf au plafond et laisse
simplement faire la nature. Les larves de guêpes-coucous se développent
plus vite que celles de leurs malheureux hôtes : elles dévorent les larves
d'odynères et leur nourriture, et c'est un magnifique parasite qui quitte
finalement le nid.

Nichoirs : murs en torchis construits isolément ou intégrés dans
un bâtiment.

Nichoir en torchis

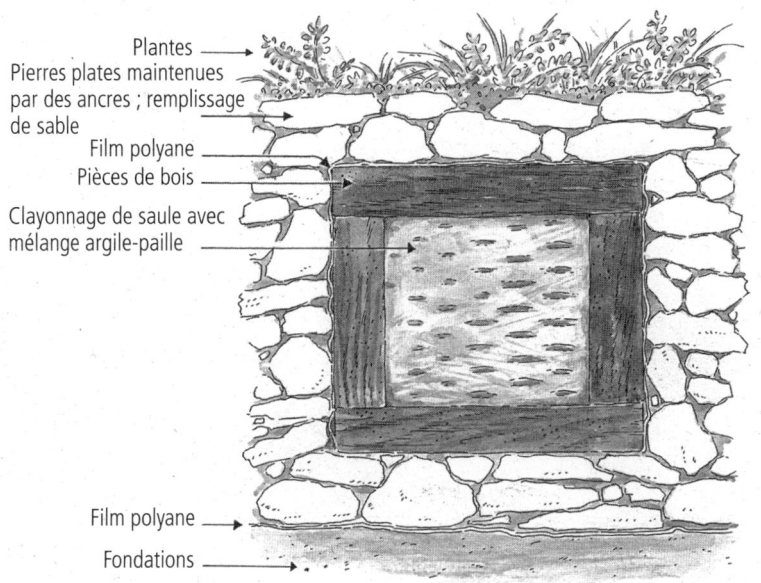

Plantes
Pierres plates maintenues
par des ancres ; remplissage
de sable
Film polyane
Pièces de bois
Clayonnage de saule avec
mélange argile-paille

Film polyane
Fondations

Matériel

La construction d'un mur en torchis est coûteuse en temps, en argent et en énergie. Ne vous lancez dans ce chantier que si vous disposez d'un terrain suffisamment grand : votre mur devra mesurer au minimum 2 m de long et 1,70 m de haut. Vous aurez besoin du matériel suivant.

- Pièces de bois pour le cadre, de préférence en chêne : 4 pièces de 18 × 18 cm de section environ. Leur longueur dépendra des dimensions du mur : par exemple, 2 pièces de 2 m (pour la longueur du cadre) et 2 pièces de 1,70 m (pour la hauteur).
- Tasseaux de section ronde : diamètre de 2 cm et longueur équivalente à la hauteur du cadre + 8 cm. Le nombre de ces tourillons dépend de la longueur du mur (voir les instructions).
- 4 vis à métaux (20 × 1 cm environ), 8 rondelles et 4 écrous.
- Clayonnage de saule, argile et paille hachée.

Instructions

- Sciez à mi-bois les extrémités de chaque pièce de section carrée sur une longueur de 9 cm afin de pouvoir réaliser l'assemblage (voir l'illustration).

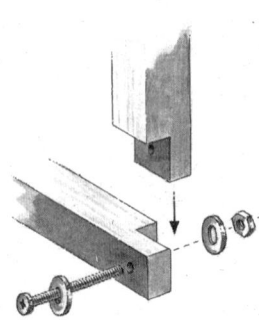

- Sur la face inférieure de la pièce horizontale supérieure et sur la face supérieure de la pièce horizontale inférieure, pratiquez le long de l'axe central des trous de 2 cm de diamètre et de 5 cm de profondeur, espacés de 20 cm.
- Insérez les tourillons dans ces trous (en les chanfreinant au besoin) pour lier le haut et le bas du cadre.
- Bâtissez le cadre : percez les extrémités des pièces du cadre à l'aide d'une chignole ou d'une mèche à bois de 1 cm. Assemblez-les ensuite avec les vis à métaux, les rondelles et les écrous. Si vous disposez du matériel nécessaire, vous pouvez, comme les professionnels, les fixer avec une cheville de charpente en bois.
- Avec des branches de saule, réalisez un clayonnage autour des tourillons pour former à l'intérieur du cadre une trame de branchages qui servira de support au torchis.
- Mélangez 3 volumes d'argile et 1 volume de paille hachée, appliquez sur le support et laissez sécher. Le séchage est lent et commence par le bas du cadre (vous trouverez des informations complémentaires dans le chapitre « Les bons matériaux/L'argile ».)
- Pratiquez enfin dans le cadre et le torchis des trous de dimensions variables (4 à 10 mm) pour accueillir vos nouveaux locataires.
- Ce mur peut être installé isolément ou intégré dans un muret maçonné (voir page suivante, « Nichoir en torchis dans un muret de pierres »).

Nichoir en torchis dans un muret de pierres

- Le muret requiert des fondations d'environ 50 cm de profondeur. Pour sa construction, vous pouvez utiliser des pierres, des briques ou des moellons.

- Posez d'abord dans le fond d'une tranchée, sur une fine couche de mortier, un film polyane d'une surface suffisante pour préserver les soubassements des infiltrations d'humidité. Posez ensuite la première couche de pierres. Le liant sera un mortier maigre, c'est-à-dire qui comprend une faible proportion de ciment.

- Assemblez votre nichoir en torchis dans le muret de pierres à mesure de sa construction. Pour vous faciliter la tâche, vous pouvez tout d'abord assembler et installer les pièces inférieure et latérales du cadre, puis poursuivre la construction de votre mur.

- Pour que le cadre n'entre pas en contact avec le mortier, veillez à l'entourer de film polyane : avant de le mettre en place, clouez ce dernier sur ses côtés.

- Sur les côtés du cadre, installez au moins deux ancres métalliques qui seront prises dans la maçonnerie.

- Quand le mur est assez haut, assemblez les tourillons et la pièce supérieure du cadre. Vous finirez le nichoir en torchis une fois le muret de pierres achevé.

- Placez également un film polyane sur la pièce supérieure du cadre. Aménagez au sommet du muret un sillon où pourront pousser les plantes adaptées aux sols secs. Dans la mesure où ce sillon ne peut être construit qu'à l'aide de petites pierres, fixez ces dernières à l'aide de petites ancres.

- Une fois le mur sec, ménagez enfin dans le cadre, le torchis et le ciment des trous de dimensions variables (4 à 10 mm) pour accueillir vos nouveaux locataires, abeilles sauvages ou autres insectes.

- Remplissez de sable l'espace réservé aux plantes et installez-y des espèces adaptées (voir page 134).

Nichoir en torchis autonome

Vous pouvez également installer le cadre de torchis isolément (voir page 102).

- Les éléments porteurs de cet ouvrage sont les pièces de bois latérales, qui doivent se prolonger de 40 cm au-dessus et en dessous du cadre. Les extrémités inférieures seront installées dans deux ancrages pour poteaux préalablement fixés dans du béton.
- Construisez une toiture plate ou un toit à double pente pour protéger votre abri des intempéries.
- L'entrée du nichoir doit être orientée vers le sud. Pour installer ce dernier, choisissez un endroit ensoleillé et protégé du vent (vérifiez avant la construction que des arbres ou des bâtiments ne viendront pas ombrager votre abri).

Les guêpes fouisseuses

Sphecidae

Les guêpes fouisseuses ne nichent pas toutes dans le sol : de nombreuses espèces préfèrent les lacunes des murs en torchis, les fissures des murs de pierres, les tiges de plantes ou de roseaux, ou les trous ménagés par des coléoptères. Au « plafond » de la cavité choisie, elles pondent un œuf qu'elles accrochent par un pédoncule, puis elles apportent à leurs larves, avant même leur éclosion, de la nourriture carnée. Nombre d'espèces de guêpes fouisseuses ne consomment qu'un seul type d'animaux, comme des criquets ou des larves de coléoptères d'une taille si impressionnante que la guêpe ne peut les transporter que péniblement.

Clôture en torchis

Vous pouvez également fabriquer un nichoir en torchis sans cadre, comme si vous installiez une clôture. Pour cela, confectionnez un clayonnage entre poteaux comme indiqué page 140. Les poteaux de bois dur de faible section que vous aurez enfoncés à la massette à une profondeur de 50 cm porteront la structure. Prévoyez un toit pour protéger votre installation des intempéries et, si nécessaire, une protection latérale. Appliquez ensuite le torchis sur le clayonnage. Vous pouvez proposer d'autres nichoirs à vos insectes en installant des branchages à l'arrière ou en disposant du sable ou du gravier devant votre installation.

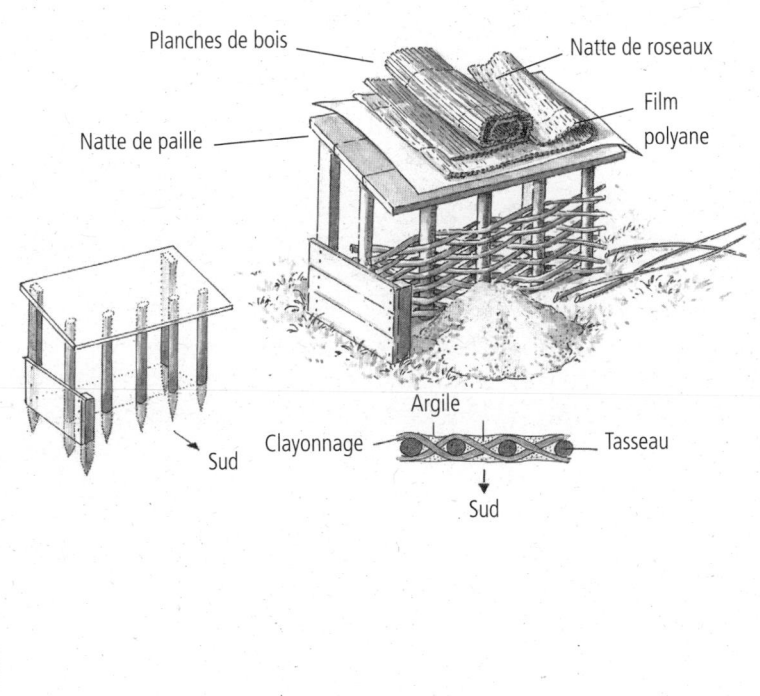

Planches de bois

Natte de roseaux

Film polyane

Natte de paille

Sud

Clayonnage

Argile

Tasseau

Sud

L'Anthophora plumipes
Anthophora plumipes

Dans le genre Anthophora, *on trouve des espèces qui s'occupent de leur progéniture et des abeilles-coucous, qui pondent leurs œufs dans les cellules d'autres espèces.*

Les espèces non parasites rappellent les bourdons par leur constitution ramassée et leurs poils abondants. Les parasites ont un poil plus clairsemé, une taille fine et un abdomen rayé jaune et noir, comme les abeilles. En France, on compte cent soixante-dix espèces d'anthophores, avec une majorité de parasites (75 %).

*L'*Anthophora plumipes *est l'une des premières abeilles du printemps ; elle puise le nectar et le pollen dont elle a besoin dans les chatons des saules. Elle niche dans les carrières de sable et de gravier, dans les murs en torchis ou dans les murailles anciennes. Dans les endroits ensoleillés, leur colonie peut devenir très grande. Une fois l'entrée du nid passée, on découvre des galeries entrecroisées dans lesquelles les cellules peuvent être installées de manière linéaire ou non. Elles sont couvertes d'une pâte contenant de l'argile. Le pollen et le nectar sont introduits dans cet ordre, afin de stocker dans le pollen le nectar liquide.*

Plantes pollinisées : *le lamier et les légumineuses sont ses plantes de prédilection, mais elle butine aussi d'autres plantes riches en nectar ou en pollen.*

Nichoirs : *murs en torchis, en paille ou en briques d'argile, murs de pierres sèches.*

Aménager des lieux de vie pour les insectes

Sur une terrasse ou un balcon

Les terrasses et balcons offrent l'avantage d'être situés juste derrière la porte-fenêtre du salon. Avec eux, la nature est littéralement à portée de main.

Presque tous les balcons et terrasses peuvent être transformés en un jardin miniature qui suit les mêmes lois saisonnières que les grands, qu'ils soient situés au dixième étage d'un immeuble ou en pleine campagne. Si vous vous y intéressez de plus près, vous serez surpris de tout ce que vous pourrez planter dans des pots et de la diversité qui s'offre à vous. Vous pourrez transformer ce petit espace en insectarium, en jardin potager, en verger ou en jardin de plantes grimpantes, et même ménager de la place pour des fleurs des prés.

De nombreuses espèces de légumes et de plantes aromatiques, d'arbres fruitiers et de plantes grimpantes attireront les abeilles et bourdons qui se nourrissent de pollen et de nectar. Pour ces espèces, le manque de diversité dans la nature est devenu un problème très préoccupant ; votre îlot végétal pourrait donc rapidement devenir le centre de ravitaillement de nombreux papillons et abeilles sauvages que vous pourrez observer à votre gré.

Les plantes les plus courantes sur nos balcons, telles que les pétunias et les géraniums, sont de loin les moins appréciées des insectes pollinisateurs. Cela ne signifie pas qu'il faut y renoncer totalement, mais plutôt qu'il faut songer à diversifier votre offre. Il existe un large éventail de plantes utiles de

Avec une terrasse ou un balcon, la nature est à portée de main

Les fruits, légumes et plantes grimpantes peuvent aussi s'épanouir sur un balcon

Votre balcon, véritable îlot végétal, sera source de nectar pour de nombreux insectes

Les balcons et terrasses sont propices à l'installation d'un hôtel à insectes

différentes manières : certaines possèdent des couleurs magnifiques, mais peuvent également être mangées et nourrir les abeilles. Sur votre balcon, plus l'offre sera variée, plus vous pourrez observer d'espèces différentes. Un hôtel à insectes équipé de plusieurs matériaux (briques creuses, morceaux de bois percés, fagots) offrira un nichoir à toutes ces espèces, qui pourront s'installer dans la « chambre » qui les attire le plus et y élever leur progéniture.

Les plantes aromatiques

Quelques plantes aromatiques adaptées aux balcons et terrasses sont présentées page 110.

Les fleurs des herbes aromatiques attirent les abeilles et autres insectes pollinisateurs

Au printemps, lorsque vous prélevez des feuilles et des tiges pour la cuisine, veillez à n'en couper qu'une partie : en effet, seules les fleurs de ces plantes attirent les abeilles sauvages et les autres insectes pollinisateurs. Il en va de même pour de nombreux légumes tels que l'ail ou les oignons, qui n'attireront les abeilles solitaires que si vous laissez pousser leurs fleurs.

Les plantes grimpantes

La liste de la page 111 comprend des plantes grimpantes annuelles et vivaces adaptées à la culture sur un balcon ou une terrasse et qui offrent du nectar aux insectes pollinisateurs. Vous y trouverez également des plantes exotiques comme la glycine, le haricot d'Espagne, la calebasse ou la cobée grimpante, très aimées des jardiniers pour leurs couleurs éclatantes et leur forme originale, ainsi que des abeilles et bourdons, pour qui elles sont sources de nectar.

Les plantes sauvages

Une prairie fleurie est le rêve de nombreux jardiniers. Mais ce rêve difficile à atteindre se heurte souvent à la réalité du terrain.

Une prairie fleurie est un lieu propice aux rêveries

Sur un balcon ou une terrasse, il est pourtant très simple de faire pousser des fleurs des prés. Vous verrez tout naturellement apparaître une prairie miniature et multicolore, petit éden pour la faune et la flore. Les abeilles, bourdons et papillons y trouveront du nectar en abondance. Vous pouvez installer votre petite prairie fleurie n'importe où, pourvu que l'endroit choisi soit protégé du vent et plutôt ensoleillé.

Vous aurez besoin d'un grand pot disposant de trous d'évacuation, que vous remplirez d'un mélange de sable et de terreau pauvre en nutriments. Vous pourrez trouver en jardineries ou en magasins spécialisés des mélanges de graines contenant des espèces telles que le coquelicot, le bleuet, l'anthémis des teinturiers ou la marguerite.

Bleuets, coquelicots et marguerites peuvent aussi pousser sur votre balcon

Plantez les graines d'avril à juin, dans environ un centimètre de terre, et veillez à maintenir le sol humide.

Les graines germent en deux semaines environ puis, deux semaines plus tard, les premières plantes fleurissent. Votre petite prairie arborera des couleurs variées jusqu'à l'automne.

Plantes aromatiques

Nom vernaculaire *Nom scientifique*	Exposition Sol	Hauteur
Bourrache *Borago officinalis*	Ensoleillée à mi-ombragée Humide	60 à 100 cm
Carvi (cumin des prés) *Carum carvi*	Ensoleillée à mi-ombragée Humide	Jusqu'à 120 cm
Ciboulette *Allium schoenoprasum*	Ensoleillée à mi-ombragée Humide et sableux	10 à 20 cm
Fenouil *Foeniculum vulgare*	Ensoleillée Sec	80 à 200 cm
Grande consoude *Symphytum officinale*	Ensoleillée à mi-ombragée Humide et riche en humus	30 à 100 cm
Hysope *Hyssopus officinalis*	Ensoleillée Sec et calcaire	40 à 60 cm
Lavande *Lavandula angustifolia*	Ensoleillée Sec et bien drainé	40 à 60 cm
Marjolaine (origan des jardins) *Origanum majorana*	Ensoleillée Sableux à riche en humus	40 à 60 cm
Mélisse *Melissa officinalis*	Ensoleillée Riche en humus et bien drainé, au besoin protégé en hiver	60 à 100 cm
Pimprenelle *Sanguisorba minor*	Ensoleillée Sec et bien drainé	30 à 60 cm
Sarriette des jardins *Satureja hortensis*	Ensoleillée Sec	Jusqu'à 30 cm
Sarriette des montagnes *Satureja montana*	Ensoleillée Sec	Jusqu'à 30 cm
Sauge *Salvia officinalis*	Ensoleillée à mi-ombragée Sec et bien drainé	40 à 70 cm
Thym *Thymus vulgaris*	Ensoleillée Sec et sableux	Jusqu'à 30 cm

Plantes grimpantes pour balcons et terrasses

(a) : annuelles ; (v) : vivaces

Nom vernaculaire *Nom scientifique*	Exposition	Floraison Couleur des fleurs	Hauteur
Bryone dioïque (v) *Bryonia dioica*	Ensoleillée	Juin à juillet Vert à blanc	Jusqu'à 3 m Treillis nécessaire
Calebasse (a) *Lagenaria siceraria*	Ensoleillée	Juin à septembre Blanc	3 à 6 m Treillis nécessaire
Chèvrefeuille des bois (v) *Lonicera periclymenum*	Ensoleillée à mi-ombragée	Juin à août Rose et blanc	Jusqu'à 5 m Treillis nécessaire
Clématite des haies (v) *Clematis vitalba*	Ensoleillée à mi-ombragée	Mai à juin Blanc	Jusqu'à 12 m Treillis nécessaire
Clématite des montagnes (v) *Clematis montana 'Rubens'*	Ensoleillée à mi-ombragée	Mai à juin Rose	3 à 8 m Treillis nécessaire
Cobée grimpante (a) *Cobaea scandens*	Ensoleillée	Mai à juin Bleu-violet	Jusqu'à 4 m Treillis nécessaire
Courge ornementale (a) *Cucurbita pepo* convar. *microcarpina*	Ensoleillée	Juillet à septembre Jaune	Jusqu'à 5 m Treillis nécessaire
Douce-amère (v) *Solanum dulcamara*	Ensoleillée à mi-ombragée	Juin à août Violet	Jusqu'à 2 m Treillis nécessaire
Gesse tubéreuse (v) *Lathyrus tuberosus*	Ensoleillée à mi-ombragée	Juin à août Rouge carmin	Jusqu'à 1 m Treillis nécessaire
Glycine de Chine (v) *Wisteria sinensis*	Ensoleillée à mi-ombragée	Mai à juin Bleu-violet	6 à 12 m Treillis nécessaire
Haricot d'Espagne (a) *Phaseolus coccineus*	Ensoleillée à mi-ombragée	Juin à septembre Orange	Jusqu'à 4 m Treillis nécessaire
Hortensia grimpant (v) *Hydrangea anomala*	Ensoleillée à mi-ombragée	Juin à juillet Vert à blanc	6 à 10 m Treillis parfois nécessaire
Ipomée (volubilis) (a) *Ipomoea purpurea*	Ensoleillée	Juin à septembre Bleu à rouge	Jusqu'à 3 m Treillis nécessaire
Jasmin d'hiver (v) *Jasminum nudiflorum*	Ensoleillér à mi-ombragée	Janvier à mars Jaune pâle	Jusqu'à 4 m Treillis nécessaire
Pois de senteur (a) *Lathyrus odoratus*	Ensoleillée	Juin à septembre Variable	Jusqu'à 2 m Treillis nécessaire
Ronce (v) *Rubus henryi*	Mi-ombragée à ombragée	Juin à septembre Rose	2 à 3 m Treillis nécessaire
Vigne vierge (v) *Parthenocissus tricuspidata*	Ensoleillée à mi-ombragée	Juin à juillet Jaune-vert	Jusqu'à 20 m

Les arbres fruitiers

Les poiriers, pommiers et pruniers nains n'ont pas besoin de beaucoup de place

Les jardineries spécialisées et les pépiniéristes offrent un large choix d'arbustes fruitiers pour les balcons et terrasses disposant d'un espace limité. Il existe des pommiers, des poiriers, des pruniers et des pêchers miniatures, qui poussent aussi bien sur les terrasses que les groseilliers ou les groseilliers à maquereaux.

Ces espèces, qui poussent en hauteur, sont parfaitement adaptées à la culture sur un balcon. Elles ne s'étendent pas horizontalement et ne nécessitent donc qu'un espace minime. Vous pouvez aussi guider facilement les longs branchages des mûriers ou des framboisiers.

Les arbres fruitiers treillagés produisent des formes très décoratives

Il existe également des espèces de pommiers ou de poiriers qui ont besoin d'un treillage en bois ou en fer pour pousser sur un balcon ou une terrasse. Au fil des ans, elles formeront des plants très décoratifs.

Sur les murs et les façades

Les fleurs et les fruits nourriront abeilles et autres insectes

Les maisons, cabanes, garages, abris pour voitures, clôtures et pergolas peuvent devenir sources de vie s'ils sont couverts de plantes grimpantes. Cet habit vert réjouira l'œil et l'oreille des habitants en offrant des cachettes aux oiseaux. Les fleurs et les fruits qui y pousseront feront le bonheur des pollinisateurs.

De nombreux propriétaires ont peur d'endommager leur bien avec une façade végétalisée. Pourtant, si l'enduit et la maçonnerie sont sains, il n'y a aucune raison de s'inquiéter. Les plantes ne favorisent pas l'humidité. Elles pompent l'eau par la racine et laissent les points d'accroche intacts. Le feuillage épais de ces plantes joue le rôle d'un manteau : il protégera votre bâtiment des aléas climatiques tels

Le feuillage vert réjouit l'œil et protège la maison des intempéries

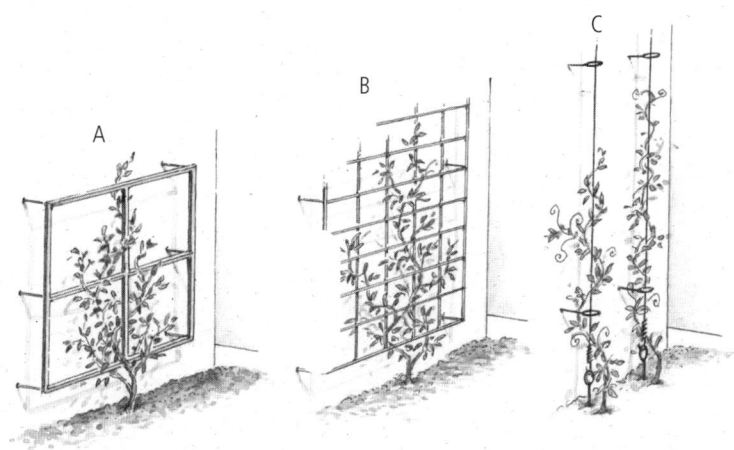

Des treillis en bois (A) ou en métal (B) permettront aux plantes à vrilles de s'accrocher. Les treillis métalliques, très sensibles à la rouille, devront être recouverts d'un produit antirouille. Si vous tendez des fils verticaux, ne négligez pas de planter un tendeur dans le sol ou de le couler dans du béton (C).

que la chaleur, le froid, la pluie et même simplement l'humidité. Les plantes maintiennent une couche d'air entre les feuilles et le bâtiment. Elles produisent de l'oxygène, filtrent les particules et agissent comme une sourdine. Avec des plantes grimpantes, le jardin s'arrête à la porte de votre maison.

Les plantes grimpantes améliorent par ailleurs la qualité de vie là où le béton et l'asphalte dominent le paysage. Les murs gris, les garages en tôle ondulée, les toits bitumés, les descentes d'eau de pluie et les équipements collectifs en béton, en acier ou en bois n'attendent qu'une chose : être couverts de plantes. Les plantes à vrilles, volubiles ou sarmenteuses font disparaître le béton et l'acier, et apportent de la vie à un bâtiment triste.

Plantes grimpantes vivaces à faire pousser contre un mur

Nom vernaculaire *Nom scientifique*	Exposition	Floraison Couleur des fleurs	Hauteur
Chèvrefeuille des bois *Lonicera periclymenum*	Ensoleillée à mi-ombragée	Juin à août Rose et blanc	Jusqu'à 5 m Treillis nécessaire
Clématite des haies *Clematis vitalba*	Ensoleillé à mi-ombragé	Mai à juin Blanc	2 à 12 m Treillis nécessaire
Clématite des montagnes *Clematis Montana 'Rubens'*	Ensoleillée à mi-ombragée	Mai à juin Rose	3 à 8 m Treillis nécessaire
Glycine de Chine *Wisteria sinensis*	Ensoleillée à mi-ombragée	Mai à juin Bleu-violet	6 à 12 m Treillis nécessaire
Hortensia grimpant *Hydrangea anomala petiolaris*	Ensoleillée à mi-ombragée	Juin à juillet Vert à blanc	6 à 10 m Treillis recommandé
Jasmin d'hiver *Jasminum nudiflorum*	Ensoleillée à mi-ombragée	Janvier à mars Jaune pâle	Jusqu'à 4 m Treillis nécessaire
Lierre *Hedera helix*	Mi-ombragée à ombragée	Août à octobre Vert, feuillage persistant	Jusqu'à 25 m
Renouée d'Aubert *Polygonum aubertii*	Ensoleillée à ombragée	Juillet à octobre Blanc	Jusqu'à 20 m Treillis nécessaire
Vigne vierge *Parthenocissus tricuspidata*	Ensoleillée à mi-ombragée	Juin à juillet Jaune-vert	Jusqu'à 20 m

Dans les jardins

Les biotopes secs

Un rondin percé, une botte de roseaux ou des tronçons de bambou peuvent accueillir de nombreuses espèces de guêpes et d'abeilles solitaires. Même sur une terrasse ou un balcon en plein milieu de la ville, vous pouvez installer un petit hôtel à insectes qui attirera les hyménoptères zélés dont vous pourrez découvrir le monde à loisir.

Environ les trois quarts des espèces d'abeilles sauvages vivant dans nos contrées préfèrent toutefois s'installer dans le sol et ne s'intéresseront donc pas à votre hôtel. Elles se rappellent parfois à notre souvenir par les minuscules tas de sable qu'elles forment entre les pavés ou dans le sable d'une rocaille.

Pour les espèces qui nichent dans le sol, seules sont adaptées les surfaces horizontales ou verticales sèches et comprenant peu de plantes (lœss ou formations rocheuses peu solides dans lesquelles elles peuvent installer leur nid). Il est aujourd'hui rare de trouver ces insectes dans des espaces naturels tels que les dunes formées à l'ère glaciaire, les talus de sable, d'argile ou de lœss formés le long des anciens chemins de commerce, ou les rives escarpées et caillouteuses de fleuves. On rencontre aujourd'hui un grand nombre de ces hyménoptères dans des environnements créés par l'homme, comme les gravières, les déchetteries, les terrils, les talus le long des autoroutes ou les digues.

Les abeilles sauvages nichant dans le sable préfèrent les sols bien drainés

Les hyménoptères et d'autres espèces aiment également nicher dans les landes sablonneuses. On y trouve des arbustes nains comme les airelles et les bruyères. Ces surfaces ensoleillées et sans arbres ne sont pas toutes naturelles ; certaines sont apparues en raison de la déforestation.

Les landes de sable sont très prisées de nombreux insectes

Dans le monde agricole, seuls les apiculteurs s'intéressent aujourd'hui à la lande, pour la production du fameux miel de bruyère ; mais si on prend le temps de l'observer de près, ce paysage est plein de vie. Les abeilles telles que l'*Andrena fuscipes*, l'*Andrena barbilabris* ou la *Colletes succinctus* y trouvent un parfait habitat.

L'*Andrena fulva*
Andrena fulva

L'Andrena fulva *(taille : de 10 à 13 mm), avec ses poils roux sur le dos du thorax et noirs sur l'abdomen et les pattes, ne peut pas être confondue avec une autre espèce. Comme toutes les andrènes ou « abeilles des sables », l'*Andrena fulva *niche en colonies dans les sols sableux ou argileux, mais elle n'est pas très regardante sur l'emplacement du nid. On trouve ses petits tas de sable ronds à l'orée des forêts, dans les prés, au pied des murs ou des haies, et parfois même entre deux pavés au beau milieu de la ville.*

Cette andrène est l'une des abeilles sauvages les plus fréquemment rencontrées et les mieux adaptables. Elle n'a pas de préférences marquées en matière de plantes et tire profit de presque toutes les sources de nectar d'un jardin fleuri.

Les petits tas de sable de trois centimètres environ qu'elle forme en creusant pour abriter sa colonie et au sommet desquels se trouve l'entrée du nid sont caractéristiques de sa présence. Cette entrée principale se poursuit en une galerie verticale pouvant mesurer de cinq à soixante centimètres. Elle se ramifie en plusieurs galeries à l'extrémité desquelles se trouvent les cellules. Après avoir construit sa première cellule, l'abeille y apporte pollen et nectar, qu'elle façonne en petite boule sur laquelle elle pond un œuf. La cellule sera par la suite fermée avec du sable. Lorsque enfin toutes les cellules sont occupées par des œufs et ravitaillées, les abeilles bouchent l'entrée principale avec un mélange de terre et de salive, puis la dissimulent.

La famille des andrènes compte mille trois cents espèces dans le monde. En Europe, elles sont difficiles à distinguer, même pour l'œil expérimenté d'un entomologiste. La plupart de ces espèces rappellent les abeilles à miel, même si au sein de leur famille, il existe de véritables différences de taille. Certaines espèces ne mesurent que cinq millimètres alors que d'autres atteignent quinze millimètres. Pour collecter le pollen, les abeilles des sables utilisent leur brosse à pollen, située comme chez toutes les abeilles sur la face externe des pattes postérieures, mais également leur flocculus, un pinceau courbe de longs poils enracinés sur les trochanters postérieurs.

Les jardins de sable

Si vous vous intéressez aux aventures des hyménoptères et si l'observation des insectes nichant dans les sols sableux vous fascine, sachez que vous pouvez installer un petit jardin de sable chez vous. Pour cela, choisissez une surface ensoleillée toute la journée ; elle n'a pas besoin d'être grande, car avec un seul mètre carré de sable, vous attirerez déjà plusieurs espèces d'abeilles sauvages ou de guêpes fouisseuses.

L'installation d'un jardin de sable ne requiert que peu de place

Si votre jardin se trouve dans une région sablonneuse, en bord de mer par exemple, vous trouverez en creusant une couche de sable ; vous pourrez alors simplement procéder à un échange : creusez la couche de terre supérieure, retirez une couche de sable, comblez le trou avec de la terre, puis versez le sable.

Si votre jardin ne se situe pas dans une région sablonneuse, vérifiez tout d'abord la composition du sol. S'il s'agit d'une terre normale, qui retient l'humidité, retirez la première couche de terre, très riche en nutriments, et toutes les plantes qui y

Le sol doit permettre d'évacuer l'eau, même sous la couche de sable

117

poussent. Dans le cas d'une pelouse, retirez totalement l'herbe et ses racines. Dans des sols argileux très compacts, mieux vaut creuser sur environ trente centimètres et combler l'excavation avec des pierres ou du gravier. Sur cette couche qui servira à drainer le sol, versez du sable et commencez à composer votre jardin de sable.

La conception d'un jardin de sable dépend principalement de sa taille

La composition d'un carré de sable dépend de sa taille : même sur une petite surface, le sable doit être présent sur au moins trente centimètres d'épaisseur, afin de permettre aux insectes et plantes de s'y installer. Si vous disposez de suffisamment de place et de matériau, vous pouvez former des petites dunes. Ce biotope se combine bien avec d'autres nichoirs, comme les nichoirs en torchis installés isolément (voir page 105) ou dans un muret (voir page 103), ou bien avec les murets de pierres sèches (voir page 126). Il est également possible d'installer un petit mur de pierres sèches au bord du jardin de sable, afin de séparer ce dernier des autres zones du jardin. Vous pourrez alors former un petit talus, ce qui attirera certaines espèces d'abeilles des sables.

Quel sable choisir ?

Il n'est malheureusement pas possible de choisir les espèces d'abeilles sauvages qui s'installeront dans votre sol ni celles qui développeront un lien avec l'environnement que vous leur proposez. Leurs besoins sont très variés, qu'il s'agisse de la qualité du sol, de sa déclivité ou de sa végétation. Elles peuvent également avoir des besoins très spécifiques qui nous sont inconnus à ce jour, ou bien simplement ne pas être implantées dans la région.

Vue en coupe d'un jardin de sable orné de plantes, avec un petit mur de pierres sèches et une couche de drainage permettant d'évacuer rapidement les eaux de pluie.

Il est donc inutile de réaliser soi-même des mélanges de sable, de lœss et d'argile. Mieux vaut se procurer localement un sable léger et pauvre en nutriments, et attendre patiemment que des insectes viennent s'y installer. Vous pourrez vous approvisionner dans les carrières de votre région, auprès des entreprises en bâtiment locales ou dans les magasins de matériaux de construction.

Les sables locaux pauvres en nutriments sont les mieux adaptés à ce projet

Chemins et plantes du jardin de sable

Entretenez votre jardin et observez la nature avec des chemins naturels

Un jardin de sable ne supporte pas le moindre pas. Si votre jardin est grand, veillez donc à ménager de petits chemins pour y accéder afin de l'entretenir ou d'observer ses habitants. Vous trouverez page 124 des conseils pour aménager des chemins naturels.

Le tableau « Plantes pour biotopes secs » de la page 134 présente des espèces végétales bien adaptées aux sols sableux légers, secs et chauds. Après les avoir plantées, il faut veiller à maintenir le sol humide jusqu'à ce qu'elles aient atteint une taille raisonnable. Ces plantes attirent les insectes pollinisateurs, dont certains chercheront à nicher dans le sable. Il faut donc laisser vierges de grandes zones dans le sable, où les abeilles sauvages, les guêpes fouisseuses ou les pompilidés pourront creuser leurs galeries. Si les plantes grandissent trop, vous pouvez les tailler de temps en temps.

Un jardin de sable miniature dans un bac à fleurs

Un bac à fleurs rempli de sable peut lui aussi servir de nichoir

Un jardinet sur un balcon peut attirer de nombreuses espèces d'insectes si les plantes y sont variées. Parmi les pollinisateurs, on trouve quelques abeilles des sables qui en profitent pour vérifier si vos pots de fleurs sont un lieu idéal pour installer leur nid. Malheureusement, le terreau, riche en humus et toujours humide, ne leur convient pas. Toutefois, vous pouvez remplir de sable un grand pot de fleurs ou un bac à fleurs et l'installer sur un balcon ou une terrasse, à un endroit ensoleillé, en espérant que des abeilles des sables comme l'*Andrena nigroaenea* ou l'*Andrena bicolor* viendront s'y installer. L'*Andrena nigroaenea* vole de la mi-avril à la mi-juillet, alors que l'*Andrena bicolor* connaît deux générations (de mars à mai et de juin à août). Ces deux espèces pollinisent un grand nombre de plantes.

Les sols secs

Les joints de sable entre les assemblages de pierres, les pas japonais, les plages de galets, les rocailles ainsi que les espaces sableux et caillouteux sur le bord des routes, sur les places et devant les immeubles offrent des nichoirs intéressants pour de nombreux hyménoptères tels que les abeilles des sables, les halictes, les guêpes fouisseuses et les pompilidés. Toutes les espèces d'abeilles et de guêpes qui nichent dans le sol ont besoin d'une terre aussi sèche que possible pour creuser leurs galeries ; il s'agit d'un paramètre essentiel dans le choix de l'endroit où elles installeront leur nid. Dans les sols qui retiennent l'humidité, les pontes et les stocks de pollen sont rapidement victimes d'attaques fongiques.

Dans les sols les plus courants, qui comprennent une grande proportion d'argile et d'humus, l'espace entre les différents composants est très réduit. Le sol tend à se densifier et reste riche en eau ; plus il contient d'eau, plus il est froid et plus il se réchauffe lentement. La plupart des espèces de plantes s'adaptent au sol de manière plus ou moins marquée.

Les plantes et insectes adaptés à la sécheresse et à la chaleur ne se sentent pas bien dans les sols humides. Cette règle est également valable pour les hyménoptères tels que les collètes, les abeilles cotonnières, les abeilles tapissières, les abeilles de la sueur (halictes) et les guêpes fouisseuses. Les sols secs sont mieux adaptés à l'installation de ces insectes.

Pour installer un biotope sec dans votre jardin, il ne suffit malheureusement pas de poser une couche de dix centimètres de gravier sur une terre riche.

Le sol doit rester sec pour que le nid soit à l'abri des infections fongiques

Le philanthe apivore et le fourmilion
Philanthus triangulum et *Myrmeleon formicarius*

À la fin de l'été, quand la bruyère fleurit, la lande de sable se métamorphose en une mer de fleurs roses où résonne le bourdonnement des laborieuses abeilles à miel. Le miel de bruyère, très recherché, a poussé les apiculteurs à s'installer près des landes. Leurs colonies doivent y affronter l'un de leurs pires ennemis : la guêpe fouisseuse nommée philanthe apivore.

Le philanthe apivore creuse dans le sol une galerie qui peut atteindre un mètre et à l'extrémité de laquelle se trouvent cinq cellules. Pour nourrir ses larves, il chasse quasi exclusivement des abeilles, qu'il attrape pendant qu'elles butinent une fleur. Il leur injecte avec son dard un poison qui les immobilise, avant de les transporter dans les cellules. Les futures femelles reçoivent chacune de trois à six abeilles, alors que les futurs mâles n'en recevront qu'une à trois. Dans chaque cellule, le philanthe couvre l'abeille d'une sécrétion destinée à la protéger des moisissures et pond un œuf sur le cadavre.

Au contraire des larves, les imagos se nourrissent de nectar de fleurs, qu'ils récupèrent par tous les moyens possibles. Quand il attrape une abeille pour nourrir ses larves, le philanthe apivore comprime l'abdomen de celle-ci avec ses pattes médianes, de sorte qu'une goutte de nectar s'échappe de l'appareil buccal de l'abeille. Il s'empresse alors de la lécher.

D'autres habitants peuplent les landes de sable, comme les larves du fourmilion, insecte gracile de l'ordre des névroptères. Le fourmilion commun, Myrmeleon formicarius, est un superbe insecte qui rappelle la libellule avec ses ailes nervurées. Sa larve est tout son contraire : elle ressemble à un gros cloporte pourvu de pinces. Elle chasse ses proies à l'affût, au fond d'un trou qu'elle ménage en creusant à reculons et en expulsant le sable par des mouvements saccadés de la tête.

Dès qu'une fourmi apparaît en haut du piège, elle est trahie par la chute de grains de sable. La larve du fourmilion, à l'affût, lui lance alors du sable pour la déséquilibrer et la faire tomber dans le piège. Elle l'attrape ensuite par les mandibules, la tue en lui injectant un poison et aspire ses organes avant de jeter hors du piège son enveloppe corporelle.

La larve du fourmilion attend les fourmis imprudentes au fond de son piège.

Tous les environnements secs d'un jardin, qu'il s'agisse d'une rocaille, d'un espace rempli de galets, d'un chemin, d'une petite place ou d'un escalier, doivent être installés sur des fondations d'au moins trente centimètres de profondeur. Cela signifie que les travaux à entreprendre sont lourds : il faut d'abord pratiquer une excavation de cette profondeur, puis damer le sol. Ensuite, remplissez l'excavation de pierres ou de tuiles cassées, puis d'une couche de dix centimètres de gravier grossier. Damez bien l'ensemble avant de commencer à construire votre installation.

Toutes les constructions en pierre ont besoin de fondations

Vous pouvez modeler votre rocaille à l'aide de terrasses et de murets

- **Rocailles de pierres et de galets :** les rocailles de pierres et de galets peuvent être composées en relief en utilisant du gravier, du sable ou des pierres sur une épaisseur de quinze à vingt-cinq centimètres. Vous pouvez rompre la monotonie d'une rocaille en installant de petits murs de pierres pour former des terrasses, ou bien des grosses pierres (voir également page 117).

Des abeilles sauvages peuvent creuser leur nid dans le sable fin d'un chemin de dalles

- **Allées et escaliers en pierres plates et pas japonais :** posez les pierres plates les unes à côté des autres sur du sable fin, en les espaçant largement. Damez et comblez les trous avec du gravier fin. Vous pouvez utiliser la même méthode pour installer d'autres types de pavés.

- **Allées de gravier :** il est simple et agréable d'aménager des allées et de petites places à l'aide de gravier non lavé de différentes tailles. Versez sur votre allée une couche de dix centimètres de gravier, puis damez. Stabilisez les bords du chemin avec des pierres de taille plus imposantes, afin que le gravier reste en place. C'est tout !

Les essences de bois dur conviennent le mieux à la fabrication d'une allée en bois

- **Allées en bois :** les allées en bois ont elles aussi besoin de fondations d'une vingtaine de centimètres. Les matériaux les mieux adaptés pour ce type d'ouvrages sont les rondins de bois dur (chêne, hêtre, robinier) d'une longueur unique (entre vingt et vingt-cinq centimètres). Ces rondins, qui doivent avoir des diamètres variés pour bien s'emboîter sans laisser trop d'espaces vides, seront couverts d'une couche de gravier de dix centimètres environ.

Remplissez les espaces vides de sable fin, de gravillons ou de petits cailloux. Stabilisez enfin les bords du chemin avec des pierres damées ou des rondins enfoncés dans le sol.

Les murs de pierres sèches

Les murs de pierres sèches sont utilisés depuis toujours pour modeler les paysages naturels. Il s'agit d'un empilement soigné de pierres agencées sans liants tels que le ciment ou la chaux (voir page 126). Un mur de pierres sèches n'agrémente pas seulement le jardin : il se transforme vite en un lieu de vie pour les plantes et les animaux. Les œillets des rochers et le poivre des murailles poussent entre ses pierres. Près du sol, là où le soleil peine à sécher la roche, les tritons et salamandres, les crapauds et les escargots trouvent un abri pour la journée. Les araignées se cachent dans ce labyrinthe de pierres. Les lézards des murailles prennent un bain de soleil sur les pierres chaudes. Les *Hylaeus* et les osmies installent leur nid entre les pierres.

Les murs de pierres sèches sont un lieu de vie idéal pour de nombreuses espèces animales et végétales

Les plantes pour biotopes secs qui attirent les abeilles

Le tableau de la page 134 présente les plantes adaptées aux murs de pierres sèches et aux rocailles. Vous pourrez également vous y reporter lorsque vous souhaiterez agrémenter un escalier naturel, un chemin ou un lieu de repos. Il comprend aussi des plantes adaptées aux sols sableux.

Choisissez un endroit ensoleillé et un sol pauvre (sable, gravier, galets, pierraille) qui facilite l'écoulement des eaux de pluie.

Mur de pierres sèches

Instructions

Les murets de pierres sèches attirent les animaux et rendent le jardin plus vivant. Un muret de pierres sèches réussi est un muret solide, dans lequel aucune pierre n'est instable. Pendant la construction, veillez à ne pas former un mur trop compact, car les animaux nichent dans ses interstices.

- Pour la construction de votre muret, vous pouvez utiliser une grande variété de pierres : moellons, granit, quartzite, schiste ou anciennes briques. Choisissez-en un type et évitez les mélanges, pour conserver une certaine harmonie. Les pierres proposées en magasins spécialisés sont souvent chères et vous en aurez besoin d'une grande quantité pour construire votre muret. Allez plutôt voir dans les déchetteries spécialisées pour les entreprises du bâtiment, ou bien adressez-vous aux entreprises de travaux publics ou de démolition : vous pourrez probablement récupérer des pierres, parfois même gratuitement.

Mur de soutènement en pierres sèches :
placez toujours les plus grosses pierres à la base.

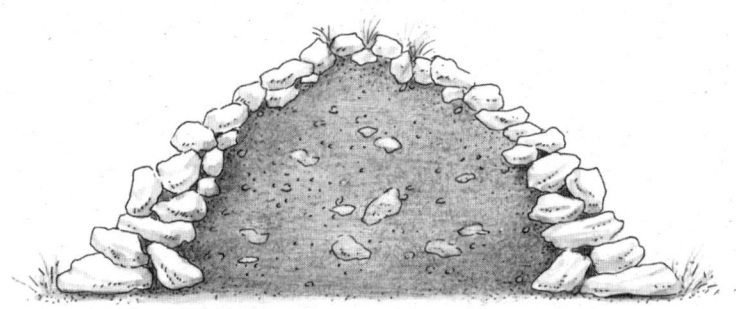

Mur de pierres sèches installé isolément.

- Disposez de préférence votre muret dans un endroit ensoleillé, avec une exposition vers le sud. Vous pouvez l'installer isolément ou le concevoir comme mur de soutènement pour une terrasse.
- Pour assurer la stabilité du mur et l'écoulement rapide des eaux pluviales, ménagez un fossé de 30 cm de profondeur, de dimensions un peu plus grandes que celles de votre muret. Remplissez l'excavation de gravier, de pierraille ou de morceaux de tuile, puis ajoutez une couche de sable grossier. Damez le tout.
- Empilez ensuite les pierres, en les inclinant légèrement vers l'intérieur. En principe, les plus grosses doivent être installées à la base du mur et les plus petites en hauteur. Chaque fois que vous ajoutez une pierre, assurez-vous de sa stabilité. Dans le même temps, remplissez l'intérieur du mur isolé ou l'arrière du mur de soutènement de pierraille ou de gravier. Attention : le mur doit être stable sans s'appuyer sur cette couche de pierraille.
- Vous pouvez intégrer à la construction de votre mur tous les nichoirs résistants aux intempéries, comme les tubes en terre cuite remplis d'argile. Si vous utilisez des briques, vous pouvez, avant de les installer dans le mur, y pratiquer des petits trous de 4 à 10 mm de diamètre.

L'halicte à quatre ceintures
Halictus quadricinctus

L'halicte à quatre ceintures fait partie de la famille des halictes, ou « abeilles de la sueur ». Cette grande abeille pouvant atteindre seize millimètres doit son nom aux quatre bandes blanches qu'elle arbore sur l'abdomen.

Chez les halictes, on trouve des espèces solitaires, des espèces sociales, mais surtout des comportements intermédiaires très intéressants. Les halictes installent leurs nids en colonies dans les sols sableux ou argileux ; ces nids comprennent une entrée principale et une ramification de galeries à l'extrémité desquelles se trouve une cellule. Chez certaines espèces, les imagos partagent une entrée, mais chacun conserve ses galeries pour s'occuper de sa progéniture, dont il assure seul l'alimentation. Chez d'autres espèces, on trouve un stade préliminaire à une organisation sociale, dans lequel la progéniture de la reine l'aide à construire le nid et à alimenter les autres larves.

Pour construire son nid, l'halicte à quatre ceintures creuse une galerie verticale de dix centimètres environ et aménage à son extrémité une vingtaine de cellules rondes très rapprochées, qu'elle renforce et lisse avec sa salive. L'halicte retire alors avec précision et habileté la terre qui se trouve autour de ces cellules renforcées, jusqu'à ce que le nid ne repose plus que sur de minuscules piliers. Elle stabilise ces derniers à l'aide d'une sécrétion, pour éviter que ce délicat ouvrage ne s'effondre. Le système d'aération ainsi obtenu permet de protéger durablement le nid de l'humidité et des attaques fongiques, dangers qui menacent de nombreuses espèces d'abeilles sauvages nichant dans le sol. La disparition de son habitat naturel (talus bordant les chemins creux, carrières d'argile ou gravières) menace l'halicte à quatre ceintures, qui est devenue très rare et s'est même éteinte dans certaines régions où elle était autrefois courante.

Elle ne s'installe que très exceptionnellement dans les nichoirs artificiels. Pour avoir une chance de l'observer, surveillez les astéracées entre juillet et septembre.

Les abeilles à culottes et les *Melitta*
Dasypoda et *Melitta*

Les imposantes brosses à pollen que portent les dasypodes sur les pattes postérieures leur valent le surnom d'« abeilles à culottes ». Les abeilles à culottes, qui mesurent de treize à quinze millimètres, aiment nicher en colonies dans les sols sableux et ensoleillés : gravières, carrières de sable, chemins et orées des bois. On reconnaît leur présence aux petits tas de sable qu'elles laissent a u-dessus de l'entrée de leur nid. Celui-ci peut être enterré jusqu'à 60 cm de profondeur. Il se ramifie en plusieurs galeries ; à l'extrémité de chacune se trouve une cellule ronde. Quand l'abeille a transporté suffisamment de pollen dans chaque cellule, elle le mouille de nectar et forme de petites boules équipées de trois empattements. On pense que ces derniers permettent une circulation de l'air optimale afin d'éviter les moisissures.

Plantes pollinisées *: les abeilles à culottes ne pollinisent que les astéracées et surtout la tanaisie, la picride fausse-épervière, la chicorée commune ainsi que l'épervière.*

Nichoirs *: sable, gravillons, galets, rocailles à fond sableux, chemins sablonneux.*

On ne trouve en France que treize espèces de la famille des Melittidae, *dont font partie les abeilles à culottes* (Dasypoda) *et les abeilles* Melitta, *qui, comme leurs cousines, possèdent des brosses à pollen* (scopae) *impressionnantes sur les pattes postérieures. Le genre* Melitta *compte des espèces qui ne pollinisent qu'une espèce ou qu'une famille de plantes : la* Melitta haemorrhoidalis, *par exemple, est inféodée à la campanule. La femelle passe la nuit dans le nid et le mâle sur la campanule.*

Les plantes pour biotopes secs qui attirent les abeilles

Le tableau de la page 134 présente les plantes adaptées aux murs de pierres sèches et aux rocailles. Vous pourrez également vous y reporter lorsque vous souhaiterez agrémenter un escalier naturel, un chemin ou un lieu de repos. Il comprend aussi des plantes adaptées aux sols sableux.

Choisissez un endroit ensoleillé et un sol pauvre (sable, gravier, galets, pierraille) qui facilite l'écoulement des eaux de pluie.

Les prairies

Le sol des jardins est souvent trop humide et trop dense pour les abeilles sauvages

Les pâquerettes et les pissenlits sont des plantes caractéristiques des prairies grasses. Elles peuvent pousser sans grand ensoleillement, pourvu que le sol soit riche et humide. Les prairies grasses sont les plus courantes dans les jardins ; malheureusement, leur sol est trop humide pour les abeilles.

Les espèces de plantes plébiscitées par les hyménoptères se développent plutôt au soleil, sur des sols pauvres qui laissent s'écouler les eaux pluviales : les prairies maigres. Le tableau de la page 136 présente ces plantes sauvages.

Ensemencer une prairie maigre

Les prairies maigres, dans lesquelles poussent marguerites, bleuets, campanules, sauges des prés et coquelicots, où crissent les grillons et où bourdonnent les abeilles, appellent à la rêverie. Malheureusement, transformer une prairie grasse en prairie maigre n'est pas une mince affaire, car il ne suffit pas de semer des graines à la volée. Le sol, trop riche en humus, doit d'abord suivre une véritable cure d'amaigrissement.

Les prairies de fleurs sauvages décorent le jardin et attirent
les insectes comme par magie.

Tout d'abord, retirez une couche de terre jusque sous
la racine des herbes.

Remplissez l'excavation de sable et mélangez
ce dernier avec la couche de terre qui se trouve en
dessous. Aplanissez cette surface amaigrie au râteau
et semez les graines à la volée. Veillez à maintenir le
sol humide pendant six semaines.

Après ces intenses travaux, sachez que la prairie
maigre aura besoin d'encore plusieurs années avant
de devenir aussi dense et multicolore que dans vos
rêves. Certaines espèces prospéreront alors que
d'autres disparaîtront très vite. Vous pourrez donc
cibler les semis et retirer le chiendent et autres
mauvaises herbes qui empêchent votre prairie de
se développer.

**Les fleurs des
champs ne
poussent que
sur sols pauvres**

Mieux vaut n'envisager de créer une prairie maigre que si vous disposez de beaucoup d'espace et d'un ensoleillement intense dans votre jardin. Malheureusement, la prairie n'est pas un espace pour les enfants, car les hautes et délicates fleurs ne supportent pas le piétinement.

Un compromis coloré

Parterre de crocus au printemps, espace de jeux pour les enfants l'été

Si votre jardin est trop petit pour accueillir une prairie fleurie, vous pouvez simplement semer des fleurs sauvages dans un petit parterre ensoleillé. Si l'un de ces parterres doit pouvoir servir d'espace de jeu pour les enfants en été, il est toujours possible d'y faire pousser des fleurs de printemps. Sous les arbres, devant les haies et les buissons, c'est-à-dire là où votre prairie n'est peut-être pas resplendissante, vous pouvez planter à l'automne des bulbes de crocus, de scille de Sibérie, de gloire des neiges, de perce-neige, de tulipe sauvage ou de narcisse. Ils fleuriront dès le début du printemps et réjouiront les jardiniers, les abeilles et les bourdons qui quittent leurs quartiers d'hiver. Ces messagers du printemps gagneront du terrain chaque année, jusqu'à former de véritables tapis de fleurs. Dès qu'ils sont flétris, vous pouvez les faucher et laisser les enfants jouer.

L'abeille coupeuse de feuilles
Megachile versicolor

Les abeilles coupeuses de feuilles ou « tapissières », comme les chalico-domes (voir page 52), font partie de la famille des mégachilidés. Avec leurs larges mandibules à bord tranchant, elles découpent des morceaux ronds ou ovales de feuilles de peuplier, de rosier ou de lilas, les enroulent et les transportent sous leur abdomen jusqu'à leur nid situé dans des branches creuses, du bois en décomposition ou le sol. Une fois dans la galerie, la feuille se déplie et se colle à la paroi. C'est ainsi que l'abeille construit une cellule en forme de dé à coudre, qu'elle fermera avec plusieurs morceaux de feuilles ronds après y avoir pondu un œuf et stocké de la nourriture. Juste devant, elle construira une nouvelle cellule. La galerie peut contenir jusqu'à une douzaine de ces cellules végétales, dans lesquelles les larves atteindront le stade imaginal.

L'abeille coupeuse de feuilles est facile à reconnaître lorsqu'elle butine, avec son abdomen légèrement plus fin à l'extrémité et sa brosse à pollen abdominale rouge. Pour construire son nid, elle utilise principalement les trous laissés par les coléoptères dans le bois mort ou les tiges creuses. Elle peut également creuser son nid en évidant des tiges à moelle comme celles de sureau ou de ronce, qu'elle tapisse de feuilles.

L'abeille coupeuse de feuilles s'adapte très facilement et reste donc très fréquente, même dans les jardins. Si vous mettez à sa disposition des plantes et des nichoirs, vous pourrez suivre ses habitudes de très près.

Plantes pollinisées : *fleurs de papilionacées (légumineuses) et d'astéracées.*

Nichoirs : *tiges de bambou, blocs de bois perforés.*

Plantes pour biotopes secs

Nom vernaculaire *Nom scientifique*	Lieu de plantation	Floraison Couleur des fleurs	Hauteur
Adonis de printemps *Adonis vernalis*	Chemins, places, rocailles, murs de pierres sèches, toits	Avril à mai Jaune clair	10 à 40 cm
Campanule à feuilles de raifort *Campanula cochleariifolia*	Murs de pierres sèches, toits	Juin à août Bleu	5 à 15 cm
Campanule à feuilles rondes *Campanula rotundifolia*	Chemins, places, murs de pierres sèches, toits	Juin à octobre Bleu violacé	10 à 40 cm
Campanule de Scheuchzer *Campanula scheuchzeri*	Rocailles, toits	Juillet à août Bleu violacé	10 à 20 cm
Carline commune *Carlina vulgaris*	Chemins, places, rocailles, toits	Juillet à septembre Jaune	15 à 40 cm
Centaurée tachetée *Centaurea maculosa*	Chemins, rocailles, murs de pierres sèches, toits	Juin à septembre Violet	30 à 60 cm
Chardon décapité *Carduus defloratus*	Murs de pierres sèches, rocailles	Mai à août Pourpre	Jusqu'à 80 cm
Corydale jaune *Corydalis lutea*	Chemins, places, escaliers, rocailles, murs de pierres sèches, toits	Mai à octobre Jaune	10 à 20 cm
Gagée de Bohême *Gagea bohemica*	Chemins, places, escaliers, rocailles, murs de pierres sèches, toits	Mars à avril Jaune	Jusqu'à 10 cm
Gentiane acaule *Gentiana acaulis*	Murs de pierres sèches, rocailles, toits	Juin à août Bleu azuré	5 à 10 cm
Globulaire ponctuée *Globularia punctata*	Murs de pierres sèches, toits	Mai à juin Violet	Jusqu'à 30 cm
Hélianthème alpestre *Helianthemum alpestre*	Chemins, places, murs de pierres sèches, toits	Juin à août Jaune	5 à 10 cm
Herbe du tonnerre *Sempervivum tectorum*	Rocailles, murs de pierres sèches, toits	Juillet à septembre Rouge	Jusqu'à 50 cm
Mauve commune *Malva neglecta*	Chemins, places, murs de pierres sèches	Juin à octobre Rose	10 à 40 cm
Mauve musquée *Malva moschata*	Chemins, rocailles	Juin à octobre Mauve clair	30 à 80 cm

Nom vernaculaire *Nom scientifique*	Lieu de plantation	Floraison Couleur des fleurs	Hauteur
Muscari à grappe *Muscari racemosum*	Chemins, places, rocailles, toits	Avril à juin Bleu	10 à 20 cm
Œillet à delta *Dianthus deltoides*	Chemins, places, rocailles, toits	Juin à octobre Pourpre	10 à 40 cm
Œillet des rochers *Dianthus sylvestris*	Murs de pierres sèches, toits	Juillet à septembre Rose	Jusqu'à 40 cm
Origan *Origanum vulgare*	Chemins, places, rocailles, toits	Juillet à septembre Rose	20 à 80 cm
Orpin bâtard *Sedum spurium*	Chemins, rocailles, murs de pierres sèches, toits	Juillet à août Rose violacé	Jusqu'à 20 cm
Orpin blanc *Sedum album*	Chemins, rocailles, murs de pierres sèches, toits	Juin à juillet Blanc	Jusqu'à 20 cm
Pavot de Sendtner *Papaver sendtneri*	Chemins, rocailles, murs de pierres sèches	Juillet à août Blanc	Jusqu'à 15 cm
Poivre des murailles *Sedum acre*	Rocailles, murs de pierres sèches, toits	Juin à juillet Jaune	5 à 15 cm
Potentille des rochers *Potentilla rupestris*	Chemins, rocailles, murs de pierres sèches, toits	Mai à juin Blanc	30 à 50 cm
Potentille rempante *Potentilla reptans*	Chemins, places, toits	Juin à août Jaune	5 à 20 cm
Pulsatille des prés *Pulsatilla pratensis*	Chemins, rocailles, murs de pierres sèches, toits	Avril à mai Violet	10 à 50 cm
Rose de Noël *Helleborus niger*	Chemins, places, murs de pierres sèches	Décembre à mars Blanc rosacé	10 à 30 cm
Sauge verticillée *Salvia verticillata*	Rocailles, toits	Juin à septembre Violet	20 à 60 cm
Serpolet *Thymus serpyllum*	Chemins, escaliers, toits, rocailles, murs de pierres sèches	Mai à octobre Rose	10 à 30 cm
Thym laineux *Thymus pulegioides*	Chemins, escaliers, toits, rocailles, murs de pierres sèches	Juin à octobre Rose	5 à 20 cm
Vesce fausse gesse *Vicia lathyroides*	Rocailles, toits	Avril à juin Violet	5 à 20 cm

Plantes sauvages pour prairies grasses ou maigres

Nom vernaculaire *Nom scientifique*	Lieu de plantation	Floraison Couleur des fleurs	Hauteur
Achillée millefeuille *Achillea millefolium*	Prairie maigre	Juin à octobre Blanc, rose	15 à 60 cm
Berce commune *Heracleum sphondylium*	Prairie grasse	Juin à septembre Blanc	70 à 150 cm
Bugle rampante *Ajuga reptans*	Prairie grasse	Mai à août Bleu violacé	10 à 30 cm
Campanule à feuilles rondes *Campanula rotundifolia*	Prairie maigre	Juin à octobre Bleu	15 à 40 cm
Campanule étalée *Campanula patula*	Prairie maigre ou grasse	Mai à juillet Bleu	20 à 50 cm
Carotte sauvage *Daucus carota*	Prairie maigre	Juin à septembre Blanc	30 à 100 cm
Centaurée jacée *Centaurea jacea*	Prairie maigre ou grasse	Juin à octobre Violet	20 à 80 cm
Cerfeuil des bois *Anthriscus sylvestris*	Prairie grasse	Avril à juin Blanc	40 à 150 cm
Chicorée sauvage *Cichorium intybus*	Prairie maigre	Juin à octobre Bleu	30 à 110 cm
Géranium des prés *Geranium pratense*	Prairie grasse	Mai à septembre Bleu violacé	30 à 80 cm
Gesse des prés *Lathyrus pratensis*	Prairie maigre ou grasse	Juin à août Jaune	30 à 100 cm
Globulaire ponctuée *Globularia punctata*	Prairie maigre	Mai à juin Violet	5 à 30 cm
Lotier corniculé *Lotus corniculatus*	Prairie maigre	Mai à août Jaune	5 à 30 cm
Luzerne cultivée *Medicago sativa*	Prairie maigre	Juin à septembre Violet	30 à 80 cm
Luzerne lupuline *Medicago lupulina*	Prairie maigre	Mai à octobre Jaune	10 à 40 cm
Marguerite commune *Chrysanthemum leucanthemum*	Prairie maigre ou grasse	Mai à septembre Blanc et jaune	30 à 100 cm
Millepertuis commun *Hypericum perforatum*	Prairie maigre	Juin à août Jaune	30 à 60 cm

Nom vernaculaire *Nom scientifique*	Lieu de plantation	Floraison Couleur des fleurs	Hauteur
Muscari à grappe *Muscari racemosum*	Prairie maigre	Avril à juin Bleu	10 à 20 cm
Petit rhinanthe *Rhinanthus minor*	Prairie maigre	Mai à août Jaune	10 à 40 cm
Piloselle *Hieracium pilosella*	Prairie maigre	Mai à septembre Jaune	10 à 30 cm
Pissenlit *Taraxacum officinale*	Prairie grasse	Avril à septembre Jaune	5 à 30 cm
Potentille tormentille *Potentilla erecta*	Prairie maigre	Juin à juillet Jaune	5 à 30 cm
Raiponce orbiculaire *Phyteuma orbiculare*	Prairie maigre	Mai à juillet Bleu	10 à 30 cm
Renoncule âcre *Ranunculus acris*	Prairie grasse	Mai à octobre Jaune	10 à 100 cm
Rhinanthe crête-de-coq *Rhinanthus alectorolophus*	Prairie maigre ou grasse	Mai à septembre Jaune	20 à 80 cm
Sauge commune *Salvia pratensis*	Prairie maigre ou grasse	Mai à septembre Bleu	30 à 60 cm
Sauge des bois *Salvia nemorosa*	Prairie maigre	Juin à août Violet	20 à 70 cm
Scabieuse colombaire *Scabiosa columbaria*	Prairie maigre	Juillet à octobre Lilas	20 à 60 cm
Scabieuse des champs *Knautia arvensis*	Prairie maigre	Juin à août Lilas	30 à 80 cm
Tanaisie *Chrysanthemum vulgare*	Prairie maigre	Juillet à septembre Jaune	50 à 120 cm
Trèfle blanc *Trifolium repens*	Prairie grasse	Mai à octobre Blanc	5 à 30 cm
Trèfle commun *Trifolium pratense*	Prairie grasse	Mai à septembre Violet rougeâtre	20 à 40 cm
Tussilage *Tussilago farfara*	Prairie maigre	Février à avril Jaune	5 à 20 cm
Véronique petit-chêne *Veronica chamaedrys*	Prairie grasse	Mai à juillet Bleu	10 à 30 cm
Vesce de Cracovie *Vicia cracca*	Prairie grasse	Juin à août Violet	20 à 150 cm
Vipérine commune *Echium vulgare*	Prairie maigre	Mai à août Bleu	40 à 80 cm

L'anthidie à manchettes
Anthidium manicatum

L'anthidie à manchettes fait partie du genre Anthidium *et de la famille des mégachilidés. Ce genre comprend les abeilles dites « cotonnières » et « résinières ». Il est facile de les confondre avec des guêpes, à cause de leur abdomen sans pilosité et pourvu de bandes blanches ou jaunes.*

Les abeilles cotonnières se distinguent principalement des abeilles résinières par leur manière de construire leur nid. Elles grattent les poils des plantes telles que la sauge, le bouillon-blanc ou le cognassier, les roulent en boule et les transportent entre leur tête et leurs pattes antérieures jusqu'à leur nid. Elles utilisent alors ces fibres pour former leurs cellules. Selon l'espèce, les abeilles cotonnières nichent dans des tiges creuses, des fissures, des galles du chêne séchées ou encore des coquilles d'escargots.

Les abeilles résinières construisent leurs cellules avec de la résine de pin ou d'épicéa ; certaines espèces les installent les unes à côté des autres sur le flanc d'un rocher. D'autres creusent des galeries dans le sol et utilisent des morceaux de feuilles enroulés pour les renforcer (voir page 38).

L'anthidie à manchettes, dont le mâle peut atteindre dix-huit millimètres, rappelle à la fois la guêpe, par ses bandes jaune et noir sur l'abdomen, et le syrphe lorsqu'elle se tient au-dessus d'une fleur pour en prélever le nectar en plein vol.

Après l'accouplement, les femelles cherchent un nid pour leur progéniture : le bois percé par des coléoptères et les fissures dans la maçonnerie lui conviennent parfaitement. Une fois l'abri trouvé, elles partent à la recherche de fibres végétales qu'elles roulent en boule et utilisent pour former leurs cellules.

En leur proposant des plantes et des nichoirs adaptés, vous pourrez facilement attirer ces abeilles aux couleurs éclatantes dans votre jardin, même dans les régions densément peuplées.

Plantes pollinisées : *l'anthidie à manchettes préfère les lamiacées comme le lamier pourpre ou l'épiaire des marais, mais elle aime également les légumineuses et les scrophulariacées.*

Plantes pour la construction du nid : *immortelle, bouillon-blanc, antennaire, compagnon rouge.*

Nichoirs : *tronçons ou blocs de bois percés, tas de bois mort, briques creuses remplies de bambou, fagots de tiges de bambou.*

Le bois

Bien que cela puisse sembler contradictoire, le bois mort est source de vie dans un jardin. Sa durée de décomposition varie selon l'espèce, mais avant de se transformer en humus, il offre de la nourriture, un abri et un lieu de vie à d'innombrables animaux. Les lichens, les mousses et les champignons s'y installent, puis suivent les isopodes et les araignées. Les pics, les sittelles et les mésanges plantent leur bec dans les fissures de l'écorce, puis en détachent une partie pour y découvrir des larves de scarabées ou de capricornes. Ces larves se nourrissent de bois et laissent derrière elles des galeries prêtes à accueillir les abeilles qui ne peuvent en creuser elles-mêmes.

Le bois mort est synonyme de vie dans un jardin

Au lieu d'en scier les branches, de les tronçonner puis de les brûler ou les broyer, contentez-vous de scier les branchages des arbres qui doivent être abattus pour des raisons de sécurité et de laisser faire la nature. Le bois mort possède une fonction capitale dans un jardin. Il est également inutile de vous échiner à déraciner un arbre mort : laissez la souche à son emplacement. Avant qu'il ne se transforme en humus, vous pourrez observer pendant quelques années les grandes lois de la nature en miniature et contempler à loisir les nombreux animaux qui s'y installeront.

Le bois mort remplit des fonctions capitales dans le cycle de la nature

Les clôtures en bois et les tas de bois mort peuvent devenir les lieux de vie des abeilles sauvages qui nichent dans le bois, comme les abeilles coupeuses de feuilles, les abeilles charpentières, les abeilles cotonnières ou d'autres insectes.

Les haies sèches

Pour construire une haie sèche en branchages, il vous faut des poteaux solides (de cinq centimètres de diamètre environ) en bois dur (mélèze, chêne, robinier). Leur longueur dépend de la hauteur de la haie. Taillez-les en piquets et enfoncez-les à trente ou quarante centimètres de profondeur à l'aide d'une massette. Espacez-les d'un mètre environ. Sur le même principe, plantez une deuxième rangée, environ dix centimètres derrière la première, qui s'intercalera entre les premiers piquets. Une fois cette étape terminée, vos piquets seront espacés de cinquante centimètres.

Entassez les branchages entre les piquets

Empilez entre les poteaux de longs branchages aussi droits que possible, jusqu'à atteindre la hauteur désirée. Quand les branchages les plus proches du sol se seront décomposés, vous pourrez en placer de nouveaux sur le dessus de la pile.

Les haies vives

Utilisez des branches de saule pour créer une haie vive

Comme pour une haie sèche, plantez dans le sol des piquets de bois dur de cinq centimètres de diamètre. Cette fois, vous les alignerez sur une seule rangée et les espacerez de cinquante centimètres. Entrelacez des branchages de saule ou d'une autre essence souple. Pour obtenir une haie vive, plantez à cinquante centimètres de profondeur des branches de saule tout juste coupées. Si vous les maintenez

Pour de nombreux animaux, une haie est à la fois
une cachette et un lieu de vie.

humides, vous verrez pousser de nouvelles brindilles
que vous pourrez tresser à leur tour dans la haie.

Les tas de bois mort

Les tas de bois mort ne sont pas synonymes de
désordre ou d'abandon du jardin. Ils montrent au
contraire que le jardinier ne considère pas les branchages morts comme des déchets, mais comme des
matériaux organiques utiles à la biodiversité. Au
cours des années, le tas de bois diminue à mesure que
les branches se décomposent. La prochaine fois que
vous taillerez un arbre fruitier ou une haie, pensez
au cycle de la nature et entassez votre bois au fond
du jardin au lieu de le jeter à la poubelle !

Mieux vaut jeter
les branchages
morts sur un tas
de bois plutôt
qu'à la poubelle

Le xylocope violet
Xylocopa violacea

Avec une taille de vingt à vingt-huit millimètres, le xylocope violet est l'une des plus grandes abeilles d'Europe, à tel point qu'on peut le confondre avec un bourdon. Cette abeille noire aux reflets bleu sombre aime la chaleur et niche dans des endroits ensoleillés : arbres fruitiers âgés, vergers ou bois mort.

Les imagos apparaissent en automne et les deux sexes survivent à l'hiver ; l'accouplement a lieu lors du printemps suivant. La femelle commence alors à construire son nid en creusant dans le bois des galeries verticales allant jusqu'à trente centimètres de longueur ; elle installe dans chacune d'entre elles environ quinze cellules. Elle remplit chaque cellule de pollen avant d'y pondre un œuf et la ferme enfin avec une cloison faite de bois mâché et de salive.

La larve dévore le stock de pollen et se transforme en nymphe. Une fois le stade imaginal atteint, l'abeille creuse la cloison de sa cellule et essaie de sortir du nid. Si l'abeille devant elle est encore au stade nymphal, elle doit attendre. Les insectes sortent alors du nid les uns à la suite des autres.

Plantes pollinisées : *les xylocopes violets recherchent nectar et pollen sur les légumineuses, les astéracées et les lamiacées. Ils s'intéressent également aux plantes d'ornement comme les phlox ou les glycines.*

Nichoirs : *le xylocope violet, présent dans le Sud de la France, apparaît depuis la canicule de 2003 jusqu'en Bretagne. Il s'installe volontiers dans les amoncellements de bois mort au fond du jardin, dans les bûches exposées au soleil et dans les nichoirs qui correspondent à ses besoins.*

Les arbres et arbustes

Les arbres et les arbustes sont les éléments les plus caractéristiques du jardin. Ils forment un agréable contraste avec les bâtiments, protègent des regards indiscrets et des nuisances sonores, offrent une ombre bienvenue en été, forment un rempart contre le vent, filtrent l'air et abritent de nombreuses espèces animales.

En choisissant les arbres de votre jardin, ne vous cantonnez pas aux épicéas bleus du Colorado, aux thuyas et aux rhododendrons. Optez pour des espèces locales plutôt que ces essences exotiques : elles sont originales et favorisent la biodiversité. Malgré la croyance populaire, elles ne donnent pas une impression de monotonie ; au contraire, elles se métamorphosent chaque saison.

> Les arbres sont les éléments les plus caractéristiques du jardin

Le *Macropis labiata*

Macropis labiata

Comme l'abeille à culottes (voir page 129), le Macropis labiata *(d'une taille allant de huit à neuf millimètres) peut collecter et transporter de grandes quantités de pollen. En observant cette abeille assez fréquente, vous pourrez voir beaucoup de pollen sur ses pattes postérieures très poilues et qu'elle tient très écartées. Le* Macropis labiata *fait partie des quelques espèces des zones humides se nourrissant des plantes qui poussent près des étangs ou des cours d'eau. Il semble butiner principalement la lysimaque commune, mais également le cirse des marais ou la salicaire commune.*

Arbres et arbustes

Nom vernaculaire Nom scientifique	Sol Exposition	Floraison Couleur des fleurs	Hauteur
Amélanchier *Amelanchier ovalis*	Sec Ensoleillée	Avril à mai Blanc	1 à 3 m
Aubépine à deux styles *Crataegus oxyacantha*	Pas de besoins particuliers	Mai à juin Blanc	2 à 5 m
Bois-gentil *Daphne mezereum*	Meuble et riche en humus Ombragée	Mars à avril Rose-rouge	50 à 100 cm
Bourdaine *Frangula alnus*	Humide Ensoleillée à mi-ombragée	Mai à juillet Vert-blanc	1 à 4 m
Callune *Calluna vulgaris*	Sec et non calcaire Ensoleillée à mi-ombragée	Juillet à septembre Rose à rouge	20 à 50 cm
Cotonéaster vulgaire *Cotoneaster integerrimus*	Sec Ensoleillée	Avril à juin Rose pâle	60 à 150 cm
Genêt d'Allemagne *Genista germanica*	Sec et sableux Ensoleillée	Mai à juin Jaune doré	20 à 60 cm
Genêt des teinturiers *Genista tinctoria*	Sec et sableux Ensoleillée	Juin à août Jaune doré	30 à 60 cm
Germandrée petit-chêne *Teucrium chamaedrys*	Sec Ensoleillée	Juin à septembre Rouge	10 à 30 cm
Groseillier *Ribes rubrum*	Humide à sec Ensoleillée	Mai Jaune-blanc	50 à 100 cm
Groseillier à maquereau *Ribes uva-crispa*	Humide à sec Ensoleillée à mi-ombragée	Avril à mai Vert-jaune	60 à 150 cm
Houx *Ilex aquifolium*	Humide Mi-ombragée	Mai à juin Jaune-blanc	1 à 10 m
Merisier *Prunus avium*	Humide Mi-ombragée	Avril à mai Blanc	8 à 20 cm
Merisier à grappes *Prunus padus*	Humide Ombragée	Avril à mai Blanc	3 à 10 m
Noisetier *Corylus avellana*	Plutôt sec Ensoleillée à ombragée	Février à avril Jaune	2 à 6 m

Nom vernaculaire Nom scientifique	Sol Exposition	Floraison Couleur des fleurs	Hauteur
Osier rouge *Salix purpurea*	Humide Mi-ombragée	Mars à avril Jaune à vert	1 à 3 m
Poirier *Pyrus communis*	Humide Mi-ombragée	Avril à mai Blanc	3 à 20 m
Pommier sauvage *Malus sylvestris*	Humide Mi-ombragée	Mai à juin Rose-blanc	3 à 10 m
Prunellier *Prunus spinosa*	Sec Ensoleillée	Avril à mai Blanc	1 à 3 m
Raisin-d'ours *Arctostaphylos uva-ursi*	Sec Ensoleillée	Avril à juin Rose et blanc	10 à 15 cm
Ronce commune *Rubus fruticosus*	Pas de besoins particuliers	Juin à août Rose et blanc	1 à 3 m
Rosier des chiens *Rosa canina*	Sec Ensoleillée	Juin à juillet Rose pâle	1,5 à 4 m
Saule à feuilles de romarin *Salix rosmarinifolia*	Humide Mi-ombragée	Avril à mai Jaune à vert	30 à 100 cm
Saule à oreillettes *Salix aurita*	Humide Mi-ombragée	Avril à mai Jaune à vert	50 à 150 cm
Saule des chèvres *Salix caprea*	Pas de besoins particuliers	Mars à mai Jaune à vert	1 à 6 m
Saule rampant *Salix repens*	Humide à sec Ensoleillée à mi-ombragée	Avril à mai Jaune à vert	20 à 100 cm

Les bons matériaux

L'argile

Comment alléger l'argile grasse ?

L'argile trop grasse ne convient pas aux nichoirs pour insectes

Plus l'argile est riche en minéraux, plus elle est grasse. Généralement, l'argile en vente dans le commerce contient beaucoup de minéraux pour de petites quantités de sable fin. En séchant, elle devient presque aussi dure que de la roche. Certaines abeilles, comme les anthophores et les collètes, ne parviennent pas à y creuser leur nid. Le mieux est de l'alléger en la mélangeant avec du sable. Quelques essais sont souvent nécessaires avant d'obtenir un mélange adéquat.

Comment utiliser l'argile ?

Après avoir bien malaxé votre mélange d'argile et de sable, vous pouvez l'utiliser pour remplir divers contenants : caisses en bois, pots de fleurs en terre cuite, roches présentant des trous, casiers à bouteilles en terre cuite, etc. Vous pouvez également vous en servir pour boucher des trous et des interstices. Garnissez-en les espaces vides de votre hôtel à insectes, entre les morceaux de bois, les pierres ou les tiges de végétaux. Vous ferez ainsi d'une pierre deux coups : vous fixerez solidement les différents éléments de votre hôtel et vous mettrez à disposition des abeilles et des guêpes l'argile dont elles ont besoin pour construire leur nid.

Lorsqu'un hôtel à insectes n'a pas de fond, il est très fréquent que des oiseaux arrachent les tiges par l'arrière pour se nourrir des œufs et des larves qu'elles contiennent. Dans ce cas, l'argile permet de fixer les tiges et ainsi de protéger la progéniture des insectes.

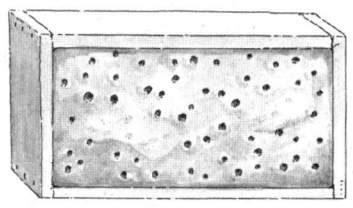

Une caisse en bois remplie d'argile
offre un habitat idéal pour les abeilles
qui nichent dans les parois.

Pour coller efficacement vos tiges, tirez-les sur quelques centimètres vers l'avant, appliquez sur toute la face arrière un mélange d'argile très diluée à l'aide d'une spatule ou d'une truelle, puis remettez les tiges en place. Vous pouvez ensuite ajouter une seconde couche d'argile, plus épaisse, et au besoin réajuster les tiges sur la face avant.

L'argile permet aussi de coller les tiges

Important : pour que les éléments collent correctement, ils doivent être bien humidifiés avant d'entrer en contact avec l'argile.

Quels types de briques choisir ?

Traditionnellement, on fabrique les briques en coulant dans des moules rectangulaires de la terre que l'on laisse ensuite sécher à l'air. Il s'agit d'une terre plus ou moins argileuse, à laquelle on mêle parfois de la paille, du sable ou de la bouse de vache. Ces dernières matières ont l'avantage de rendre les briques plus légères et de limiter les risques de fissures. Cependant, par forte pluie, les briques composées de ce type de mélanges se ramollissent plus vite que celles exclusivement composées de terre. Pour obtenir des matériaux plus stables, qui résistent mieux à l'humidité, les briques sont cuites à une température plus ou moins élevée. Les klinkers, ou briques hollandaises, sont un type de briques cuites à haute température.

Des briques à base de paille, de sable ou de bouse de vache

Les briques séchées à l'air ou cuites à basse température sont idéales pour aménager un hôtel à insectes. D'une part, elles laissent circuler l'air ;

Des briques séchées à l'air ou cuites à faible température pour vos nichoirs

d'autre part, elles se composent d'un matériau qui convient à de nombreuses espèces d'abeilles sauvages. L'argile se ramollit lorsqu'il pleut beaucoup, mais elle n'emmagasine pas l'humidité. Par ailleurs, elle se réchauffe vite au soleil ; la chaleur stockée se diffuse durant la nuit et réchauffe le couvain.

Pour confectionner des nichoirs pour des espèces comme l'*Hylaeus communis* ou l'osmie rousse, pratiquez dans une brique des trous d'un diamètre compris entre trois et dix millimètres, en enfonçant entièrement la mèche de la perceuse. Si vous utilisez des briques creuses, emplissez les cavités d'argile légère et, alors qu'elle est encore humide, ménagez-y des trous d'un diamètre également compris entre trois et dix millimètres, avec un long clou ou un crayon.

Et les vieilles briques d'argile ?

Vous pouvez récupérer de vieilles briques crues ou composées de paille ou de bouse de vache (par exemple sur un ancien bâtiment à colombages). Humidifiez bien les restes de briques (la terre et éventuellement les autres matériaux qui les composent), puis réduisez-les soigneusement en une pâte homogène, facile à travailler.

Comment faire sécher l'argile ?

Si l'argile sèche trop vite, elle se fissure

L'argile doit sécher lentement, à l'ombre. Si elle est exposée directement au soleil, l'humidité qu'elle contient s'évapore trop rapidement et des fissures se forment. Les constructions relativement importantes, qui ne peuvent pas être transportées à l'ombre (les murs par exemple), doivent être couvertes de linges humides. Les constructions épaisses peuvent mettre plusieurs semaines à sécher.

Le bois

Bien faire sécher le bois

Beaucoup d'hôtels à insectes comprennent des tronçons de troncs ou de grosses branches percés sur une face, que les abeilles maçonnes et les abeilles tapissières apprécient particulièrement. Mais certains auteurs déconseillent d'utiliser ce type de nichoirs. Selon eux, les fissures qui se forment suite à la découpe favorisent l'accumulation d'humidité et l'implantation d'insectes ainsi que de champignons qui détruisent le bois et menacent donc la survie des œufs et des larves d'abeilles. Aussi, au lieu de percer une face du bois, mieux vaut le faire sur les côtés, dans le sens des fissures.

Plus le bois sèche lentement, moins il risque de se fissurer

Explication : les faces coupées de telles sections de bois sèchent plus rapidement que les côtés, qui, par conséquent, se fissurent moins. Les fissures qui apparaissent sur les côtés sont généralement superficielles, mais elles peuvent parfois être très larges et s'étendre jusqu'au cœur de la souche.

Qu'elles apparaissent sur une des deux faces ou sur les côtés, les fissures se forment généralement pendant le séchage. Plus le bois sèche lentement, dans de bonnes conditions, moins il risque de se fissurer. Le bois sec, lui, ne bouge presque plus. Il faut donc impérativement choisir du vieux bois, qui a pu sécher suffisamment longtemps, dans de bonnes conditions. Cela vaut pour les tronçons d'arbres comme pour tous les autres nichoirs en bois. Donc, pour que les abeilles profitent au mieux des tronçons de bois que vous mettez à leur disposition, veillez à en percer les côtés, mais aussi et surtout à choisir un bois qui a bien séché.

Lorsqu'un morceau de tronc ou de branche sèche rapidement, la perte de volume est particulièrement importante au niveau des anneaux de croissance externes. Se forment alors des fissures caractéristiques qui s'enfoncent parfois jusqu'au cœur du bois. Si vous confectionnez un nichoir avec du bois jeune, il se fissurera plus ou moins en séchant, et les œufs ainsi que les larves d'abeilles risqueront de ne plus être protégés des intempéries et des parasites. Il est donc très important de choisir du bois qui a pu sécher suffisamment longtemps.

L'apparition de fissures dans le bois étant un phénomène naturel inévitable, les tronçons de bois fraîchement coupé forment systématiquement des fissures, dont on ne peut que réduire l'ampleur au minimum. En fonction de leur diamètre et de leur épaisseur, les morceaux de bois peuvent mettre deux ans à sécher complètement, voire plus. Il faut laisser l'écorce – sauf pour le bois de hêtre, qui risquerait de moisir. Le bois ne doit pas être posé à même le sol ni au soleil. Il doit être entreposé à un endroit protégé par un toit, à l'abri du soleil, mais où il y a du vent ou un courant d'air.

Si vous disposez d'une grande bûche, vous pouvez la faire sécher en entier, dans les conditions décrites ci-dessus, et ensuite la débiter en tronçons. Le séchage pourra prendre plusieurs années, mais le bois présentera moins de fissures. Du reste, même si le bois est fissuré, il est tout à fait possible d'y pratiquer des trous en les disposant à distance des fissures.

Quid du bois mort ?

Certaines espèces comme le xylocope violet *(Xylocopa violacea)* ou le *Megachile willughbiella* sont capables de creuser des galeries pour leur nid avec leur mâchoire supérieure. Elles ont besoin de bois en voie de décomposition, suffisamment ferme. Le bois trop mou, qui part en miettes et se transforme en pourriture, ne convient pas. En revanche, les arbres fruitiers morts constituent de bons habitats pour les espèces qui aiment le vieux bois. Et ainsi, le vieux pommier ou poirier que nous regardons avec peine connaîtra une nouvelle vie ! Si vous devez abattre un arbre mort ou vieux, pour des raisons de sécurité par exemple, essayez de laisser au moins le tronc pour que des abeilles s'y installent. Par ailleurs, vous pouvez récupérer une partie du tronc et quelques grosses branches pour former un tas ou aménager de nouveaux espaces dans un hôtel à insectes.

Les insectes qui nichent dans le bois mort apprécient les vieux arbres fruitiers

Faut-il protéger le bois ?

Le cadre, les compartiments internes et le toit d'un hôtel à insectes peuvent être traités avec un produit biologique pour protéger le bois. Choisissez une protection à base d'huile végétale ou de cire d'abeille, qui ne contient ni insecticides, ni fongicides, ni solvants toxiques nuisibles pour l'environnement. En revanche, le bois des nichoirs à proprement parler (souches percées, etc.) ne doit pas être traité.

Les matériaux à éviter

- **Les petits tubes en verre, en plastique (par exemple les pailles) ou en Plexiglas :** de la condensation se forme et reste à l'intérieur. La nourriture des larves moisit à cause de l'humidité et elles finissent par mourir.

- **Le béton cellulaire et la pierre ponce** absorbent rapidement l'eau de pluie, mais aussi l'humidité ambiante, et sèchent lentement. En période de mauvais temps, ils sont constamment humides, ce qui menace la survie du couvain.

- **Les briques hollandaises (klinkers) vitrifiées,** du fait de leur cuisson à haute température, ne laissent presque plus circuler l'air et ne conviennent donc guère comme nichoir.

- **L'aggloméré et le bois tendre à fibres épaisses** gonflent par temps humide. Les trous rétrécissent et le couvain risque d'être écrasé.

Par ailleurs, il ne faut jamais utiliser de bois traité avec des substances chimiques ignifuges, hydrofuges, insecticides, fongicides ou antiputrides.

Les protections contre la pluie

Les feuilles bitumineuses protègent efficacement de la pluie et s'installent facilement, certes, mais ce n'est pas un matériau idéal : elles contiennent du goudron, dont l'élimination pose problème d'un point de vue écologique. À la place, vous pouvez utiliser des tuiles plates, des bardeaux, des roseaux, de l'ardoise naturelle ou encore un toit végétal.

Étanchéiser le toit avec des matières naturelles

Si vous optez pour un toit végétal, vous ne pourrez pas faire l'économie d'un isolant en plastique. Les bandes d'étanchéité qui se trouvent dans le commerce sont vendues en grand ou en petit conditionnement, pour de petites surfaces. Elles se composent généralement de PVC traité avec des stabilisateurs et des agents plastifiants dangereux pour la santé, ou bien de polyéthylène qui ne contient pas de plastifiants, mais qui est par conséquent moins facile à travailler et qui risque davantage de se casser. Le PVC, comme le polyéthylène, est produit à partir de pétrole, une énergie fossile non renouvelable. C'est également le cas du caoutchouc synthétique. Cette matière a cependant pour avantage de ne pas comprendre de plastifiants et d'être souple quelle que soit la température. Petit bémol : le caoutchouc synthétique est en général vendu en grand conditionnement, pour de grandes surfaces.

Observer les insectes

Qui est qui ?

Les différentes espèces d'abeilles sauvages sont difficiles à distinguer les unes des autres

Si vous avez pour la première fois l'occasion d'observer de près les abeilles sauvages qui s'affairent autour d'un abri à insectes, vous serez fasciné par la multitude de formes et de couleurs qui s'offrent à votre regard. Mais pour identifier l'abeille qui disparaît dans un trou et celle qui sort d'un autre pour s'envoler au loin, il vous faudra vous familiariser avec les traits caractéristiques des différentes espèces.

Abeille à miel, abeille solitaire, guêpe solitaire ?

Les hôtels à insectes attirent principalement des abeilles sauvages, qui y installent leur nid. Quantité d'espèces se ressemblent tellement qu'il est très difficile de les distinguer les unes des autres. Certaines présentent des rayures jaunes et noires sur l'abdomen, ce qui induit souvent en erreur l'observateur inexpérimenté, qui les prend pour des guêpes. Si vous observez quelque temps votre hôtel, vous verrez probablement aussi des abeilles-coucous et des guêpes-coucous aux magnifiques couleurs s'affairer en attendant l'occasion d'aller pondre leurs œufs dans le nid d'une autre. Vous pourrez peut-être également observer quelques guêpes solitaires, des insectes utiles et zélés, en train de s'affairer à la construction d'un nid ou bien de rapporter des petites proies, qu'elles ont préalablement paralysées, pour nourrir leur progéniture. Mais leur apparence ne vous permettra pas toujours de les identifier en tant que guêpes.

Si vous voulez savoir qui se cache exactement dans votre hôtel, vous devez donc vous préparer à une aventure tout aussi longue que passionnante. Mais sachez que l'opercule qui ferme les nids donne déjà une bonne idée de qui y habite.

Les types d'opercules

Insectes	Nichoirs Diamètre des cavités	Opercule	Exemple
Abeilles coupeuses de feuilles et chalicodomes (*Megachile*)	Tiges de bambou, morceaux de bois percés Environ 6 mm	Fragments de feuilles généralement ronds ou ovales	*Megachile versicolor*, voir page 133
Chélostomes (*Chelostoma*)	Nichoirs de divers types Au moins 2,5 mm	Mortier dur, à base de sable ou d'argile et de petits gravillons	
Collètes (*Colletes*)	Vieux bâtiments avec un revêtement à base d'argile, murs en torchis 5 à 8 mm	Opercule lisse et transparent produit à partir d'une sécrétion glandulaire, placé à une dizaine de centimètres de profondeur à l'intérieur de la galerie	Collète commune (*Colletes daviesanus*), voir page 98
Guêpes fouisseuses ou sphécidés (*Sphecidae*)	Aspérités de murs en argile, murs fissurés, tiges de plantes 3 à 6 mm	De nombreuses espèces utilisent une matière jaune soyeuse qu'elles lissent consciencieusement	Voir page 104
Guêpes maçonnes (*Eumeninae*)	Bâtiments avec un revêtement à base d'argile, murs en torchis 6 à 10 mm	Morceau d'argile lissé	*Odynerus spinipes*, voir page 99
Hériades (*Heriades*)	Morceaux de bois percés, tiges creuses (ronces de préférence) 3 à 5 mm	Résine mélangée avec du petit gravier ou des fragments de bois	
Hylaeus (*Hylaeus*)	Nichoirs de divers types Au moins 2,5 mm	Fine pellicule transparente que l'abeille fabrique avec une sécrétion glandulaire	*Hylaeus communis*, voir page 44
Osmies (*Osmia*)	Nichoirs de divers types (bois, argile, tiges) 5 à 10 mm	Mortier à base de minéraux ou pâte de végétaux mâchés	Osmie rousse (*Osmia bicornis*), voir page 35

Pendant ce temps, dans les nids...

Pendant toute la période où la femelle s'affaire à la construction du nid, vous pourrez l'observer faire des allées et venues régulières. Couverte de pollen jaune, elle atterrit à l'entrée des galeries que vous lui avez préparées, puis y disparaît et en ressort quelque temps plus tard pour partir à la recherche de nouvelles rations de nourriture pour sa progéniture.

Une femelle abeille sauvage meurt dès qu'elle a achevé la dernière cellule de son nid

Une fois qu'elle a achevé la dernière cellule de son nid et qu'elle en a clos l'entrée, l'abeille meurt rapidement. À l'intérieur des galeries, en revanche, la vie continue. Au bout de quelques jours, les larves sortent des œufs et commencent à se nourrir des réserves de pollen constituées par la mère. Puis elles s'enferment dans un cocon et achèvent leur métamorphose en *imago*, c'est-à-dire en insecte arrivé à son stade final de développement.

Des tiges ouvertes

Vous aimeriez observer la vie à l'intérieur d'un nid d'abeilles sauvages ? Prenez une tige de bambou et coupez-la dans le sens de la longueur en deux moitiés inégales, puis assemblez-les l'une sur l'autre et maintenez-les en place avec un élastique. Placez ensuite la tige dans une brique creuse, en l'inclinant légèrement vers le bas, de sorte que l'eau puisse s'en écouler, et attendez qu'une abeille vienne y faire son nid.

Vous ne devez pas toucher à la tige tant que la mère travaille à la construction du nid. Mais une fois qu'elle a fini, vous pouvez de temps en temps

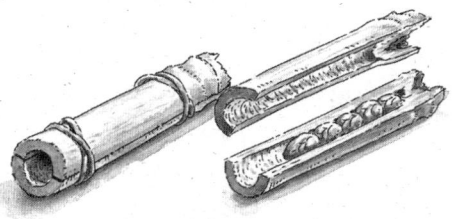

Une petite tige de bambou coupée en deux permet
d'observer la vie dans le nid.

ouvrir précautionneusement le morceau de bambou
pour observer ce qui se passe à l'intérieur. Évidemment, après chaque observation, refermez la tige et
remettez-la à sa place.

Il est important de couper le morceau de bambou
en deux moitiés inégales pour que vous puissiez
soulever la plus petite, qui tient lieu de couvercle,
sans détruire le couvain.

Les petits tubes en verre ou en plastique fermés
à l'arrière sont à éviter : de la condensation se
formerait à l'intérieur et risquerait de faire moisir
les cellules.

De la condensation risque de se former dans les tubes en verre ou en plastique

Photographier les insectes

Un appareil photo reflex et un objectif macro

Pour photographier les abeilles sauvages et d'autres insectes, le mieux est d'utiliser un appareil photo reflex, avec un viseur qui permet de voir avec précision la structure de l'image, le cadrage et la mise au point. Peu importe qu'il s'agisse d'un appareil argentique traditionnel ou d'un appareil numérique, l'essentiel est de pouvoir changer l'objectif en fonction de ce que l'on souhaite photographier. Pour obtenir des images suffisamment grandes d'abeilles sauvages et d'autres petits animaux, utilisez un objectif macro (focale de 100 mm), éventuellement avec un tube-allonge ou un soufflet (éléments qui modifient la focale et s'adaptent entre l'objectif et le boîtier).

La taille et la vitesse des mouvements des insectes, deux difficultés de la photographie d'insectes

Si vous vous êtes déjà essayé à la photographie d'insectes, vous connaissez le problème que pose la profondeur de champ, souvent faible. Lorsqu'on photographie un insecte en gros plan, les parties qui ne sont pas au centre ont tendance à être floues. Pour pallier ce problème, on peut tenter d'agrandir la zone de netteté en réduisant l'ouverture du diaphragme, mais cela diminue la vitesse d'obturation. Et comme les petits animaux sont constamment en mouvement, l'image risque là encore de ne pas être nette. Aussi, pour saisir des mouvements rapides avec une petite ouverture de diaphragme et une vitesse d'obturation rapide, le photographe d'insectes est contraint d'utiliser une source de lumière supplémentaire, à savoir un flash.

Les appareils photo reflex modernes, qu'ils soient argentiques ou numériques, sont généralement équipés d'un flash TTL *(trough the lens)*. L'appareil définit automatiquement l'ouverture du diaphragme et la puissance de flash optimales pour la prise de vue. Si ce type d'appareils facilite le travail, il ne donne pas toujours des résultats très satisfaisants. Les flashs annulaires présentent eux aussi leurs avantages et leurs inconvénients : d'un côté, ils éclairent le sujet uniformément, de l'autre, ils produisent des images très monotones.

Si vous souhaitez vous mettre sérieusement à la photographie de petits animaux, essayez de travailler avec deux petits flashs externes, qui fonctionnent sur batterie. Ces deux flashs se fixent de chaque côté de l'objectif, sur une bague métallique qui entoure ce dernier. Il est possible de régler leur position de sorte qu'un flash éclaire le fond et que l'autre soit directement dirigé vers le sujet par exemple. Après quelques essais, vous trouverez rapidement la bonne ouverture de diaphragme. La photographie d'insectes est un art qui s'adresse à tous ceux qui aiment faire des expériences. Et c'est en photographiant que vous trouverez petit à petit votre propre façon de faire.

Pour une bonne qualité d'image, optez pour deux petits flashs externes

L'auteur

Wolf Richard Günzel est auteur et photographe de nature. Depuis 1982, il publie des articles sur ses voyages et l'écologie, accompagnés de ses photographies, dans de grands titres de la presse allemande.

Il a par ailleurs signé plusieurs œuvres littéraires ainsi que des livres sur l'environnement et la nature.

En 2003, il a quitté la Rhénanie pour s'installer avec son épouse en Haute-Lusace, dans le Nord-Est de l'Allemagne, où ils ont acheté une ferme vieille de près de deux siècles qu'ils ont eux-mêmes restaurée.

Achevé d'imprimer en avril 2013